扬州大学出版基金资助

SPSS 10.0 常用生物医学统计使用指导

主　编　李湘鸣　王劲松
副主编　唐　尧　孙　峰
　　　　孙　蓉　陈秀云

东 南 大 学 出 版 社
·南京·

图书在版编目(CIP)数据

SPSS10.0 常用生物医学统计使用指导 / 李湘鸣,王劲松主编. 南京:东南大学出版社,2005.3(2012.2 重印)

ISBN 978-7-81089-869-0

Ⅰ.S… Ⅱ.①李…②王… Ⅲ.①生物统计-统计分析-软件包,SPSS-高等学校-教学参考资料②医学统计-统计分析-软件包,SPSS-高等学校-教学参考资料

Ⅳ.①Q-332②R195.1-39

中国版本图书馆 CIP 数据核字(2005)第 013956 号

东南大学出版社出版发行

(南京四牌楼 2 号 邮编 210096)

出版人:江建中

江苏省新华书店经销 南京京新印刷厂印刷

开本:787 mm×1092 mm 1/16 印张:10.75 字数:256 千字

2005 年 3 月第 1 版 2012 年 2 月第 4 次印刷

ISBN 978-7-81089-869-0

印数:6001~7000 册 定价:20.00 元

前　言

美国大型统计软件SPSS 10.0具有多种统计分析功能，可满足许多行业的统计需要和要求。但是，每个人不可能也不需要将它的所有统计功能全部掌握，因此本书着眼于大多数从事生命科学学习研究的工作者所经常遇到的科研资料，就如何使用SPSS软件进行处理给予介绍，使其结果更加科学、严谨。

目前市场所流行的SPSS软件多为英文菜单操作，涉及很多术语，用普通汉化软件汉化有一定的困难，而且即使使用某些汉化软件对其进行了汉化，其中文意思也使人难以理解。本书对医学统计常用的某些英文菜单命令给予中文解释，并且给出具体的例子，使其更加简单易懂，起到举一反三的作用。

本书出发点主要以实例为主，具有以下优点：(1) 使缺乏统计知识但具一定计算机知识者，根据自己资料的性质，进行模拟操作，进而得出可靠的统计结果；(2) 可使具有一定统计知识及计算机知识者，进行模拟练习，进一步熟练掌握该软件。书中实例均来自实际的医学、生物学科学研究中的课题。本书主要供生物医学院校各专业的研究生、本科生在论文写作时进行统计数据之用，也可供青年教师、临床医生学习及统计处理科研数据使用，还可供综合性大学、农林院校及师范院校有关专业的师生学习参考。

总而言之，计算机不断换代，软件不断更新，但万变不离其宗。学习计算机软件除了需要阅读一定的参考书外，更重要的是练习。只有通过反复不断地练习、虚心与他人交流、仔细琢磨其涵义及规律性，才能更好地掌握计算机软件。通过练习来学习SPSS，这是作者的最终目的。由于SPSS是以数据库为基本框架结构，各章节之间自然会出现数据共享或统计模块共用的可能，因此本书采取由细到粗的写作原则，初学者最好能认真学习好第一、二章的内容，并抽时间学一点数据库方面的知识。

目　录

第一章　概述……(1)
一、运行环境……(1)
二、安装与启动……(1)
三、视窗介绍……(3)
第二章　数据库的结构……(4)
一、定义变量……(4)
二、数据库定义……(7)
三、建立数据库时应注意的问题……(7)
四、数据库的建立……(8)
五、使用技巧……(12)
六、练习……(13)
第三章　资料的整理……(14)
一、资料的分组……(14)
二、求多层分组资料的均数和标准差……(22)
三、求中位数和百分位数……(37)
四、求各组的例数、百分比(率)……(41)
五、计算几何均数……(44)
六、动物随机分组……(50)
七、使用技巧……(52)
第四章　t 检验……(55)
一、样本均数与总体均数的比较……(55)
二、完全随机分组(成组)资料的两个样本均数的比较……(56)
三、使用技巧……(65)
第五章　方差分析……(68)
一、单因素方差分析(完全随机设计多个样本均数的比较)……(68)
二、多因素方差分析[随机区组(配伍组)设计多个样本均数的比较]……(74)
三、使用技巧……(82)
第六章　χ^2 检验……(83)
一、非原始数据资料的 χ^2 检验……(83)
二、原始数据资料的 χ^2 检验……(96)
三、使用技巧……(100)

第七章　线性相关与回归…………………………………………………………………………（107）
一、相关分析 ……………………………………………………………………………………（107）
二、回归分析 ……………………………………………………………………………………（113）
第八章　多元线性回归与相关…………………………………………………………………（116）
一、多元线性回归 ………………………………………………………………………………（116）
二、多元线性相关 ………………………………………………………………………………（124）
第九章　统计图…………………………………………………………………………………（127）
一、统计图 ………………………………………………………………………………………（127）
二、使用技巧 ……………………………………………………………………………………（141）
第十章　聚类分析………………………………………………………………………………（144）
一、快速聚类法——K-means Cluster 菜单 ……………………………………………………（144）
二、系统聚类法- Hierarchical Cluster 菜单 …………………………………………………（147）
第十一章　判别分析……………………………………………………………………………（154）

第一章　概　　述

一、运行环境

SPSS 10.0 要求以 Windows 操作系统为平台，计算机内存至少 8 M。为了充分提高其软件的性能，产生良好的输出效果，建议最好选用 PⅡ以上机型，内存 32 M 以上，显示器分辨率最好不少于 800×600 像素(pixels)，显卡最好选用 SVGA 显卡，可支持 256 色。

二、安装与启动

将有 SPSS 10.0 的软件置入光驱，进入 SPSS 10.0 文件夹，用鼠标双击 Setup 命令，便弹出一对话框，单击 Install SPSS，便开始运行 SPSS 安装程序。然后根据屏幕提示，键入公司密码，便可完成安装。安装完成后，单击 Windows 下的"开始"按钮，将光标移到"程序"选项上，便出现"SPSS for Windows"菜单，在下拉式"SPSS 10.0 for Windows"及"SPSS 10.0 Production Facility"菜单中，选中"SPSS 10.0 for Windows"便可启动 SPSS 10.0(图 1.1)。

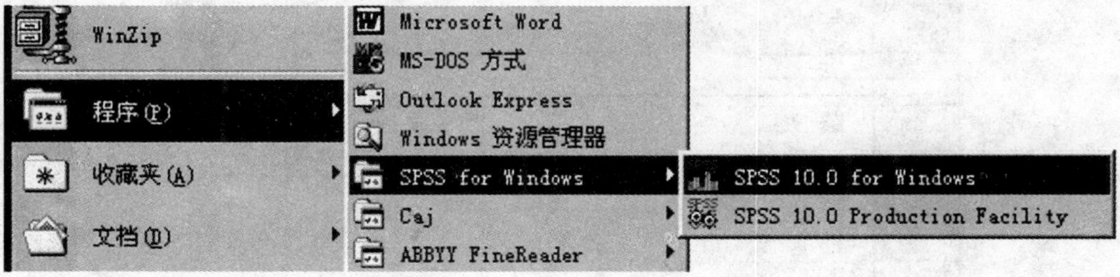

图 1.1　启动 SPSS 10.0 的方法

SPSS 10.0 启动后，产生图 1.2 对话框。常用的四个命令菜单为：Type in data(输入数据)、Open an existing data source(打开已存在的数据文件)、Run the tutorial(运行指导)和 Open another type of file (打开其他类型的文件)。用鼠标选中相应命令，便可进入有关操作。最常用的方法是点击 Cancel(取消)按钮，直接进入 SPSS 视窗(图 1.3)进行相关操作。

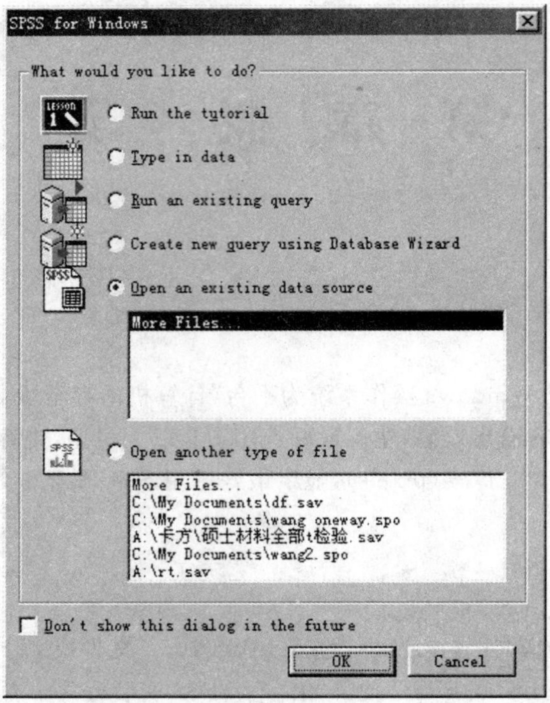

图 1.2　SPSS 10.0 启动后所弹出的对话框

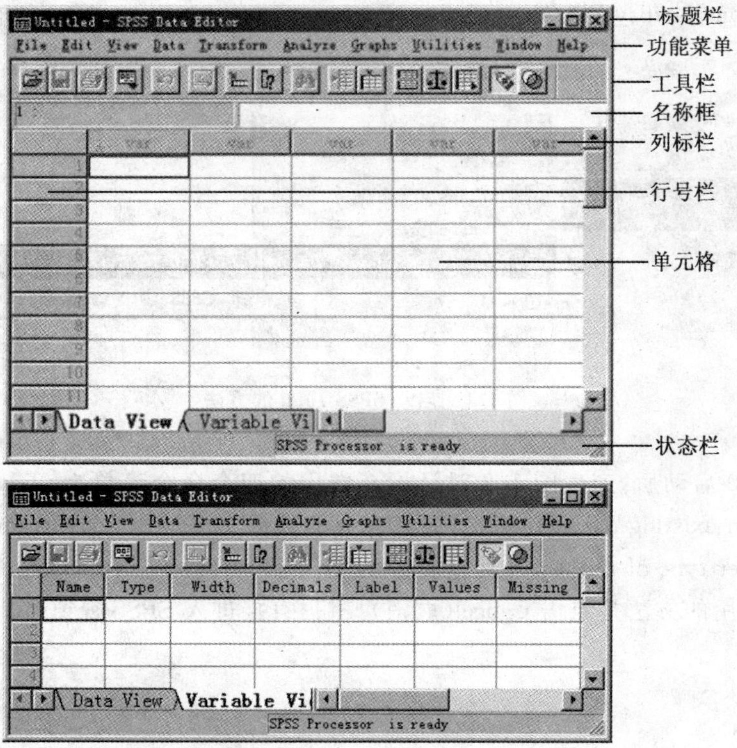

图 1.3　数据查看(Data View)和变量查看(Variable View)工作表

三、视窗介绍

SPSS 10.0 视窗分为两个工作表：数据查看(Data View)工作表和变量查看(Variable View)工作表。视窗最上方是标题栏。标题栏下方是功能菜单，分别为 File(文件)、Edit(编辑)、View(查看)、Data(数据)、Transform(转化)、Analyze(分析)、Graphs(制图)、Utilities(应用)、Window(窗口)和 Help(帮助)。点击功能菜单便可出现一个下拉式菜单，在其中可选取相应的命令。在功能菜单的下方是工具栏，当鼠标指针指向相应图标时，便会自动显示工具按钮的名称，按鼠标左键便会快速执行该命令。工具栏的下方是名称框，左边用以显示所选定单元格的名称，右方用以输入变量中数据。再下方是工作表，在工作表中可以编辑各种数据，其上方为列标栏，左边为行号栏。在列标栏中可选相应的变量名进行编辑。工作表最下方是状态栏，显示当前执行的命令或提示的信息。同时工作表旁边还提供了滚动条，翻动滚动条可以查看工作表的不同部分(图 1.3)。

数据查看(Data View)工作表主要用于查看资料中各变量的内容。变量查看(Variable View)工作表主要有以下功能：命名(Name)变量；定义变量的类型(Type)、宽度(Width)以及小数点的位数(Decimals)；由于 SPSS 规定变量名的最大长度不得超过 8 个字符(4 个汉字)，当变量名较长时可对其进行标记(Label)。关于两个工作表的详细功能请读者在下面的章节中认真体会。

第二章 数据库的结构

一、定义变量

当输入数据时，应当告诉计算机当前输入数据的名称、大小、类型及性质。现通过表 2.1的例子加以说明。

表 2.1 某医生测得病人血清胆固醇结果记录

病人姓名	生活所在地	血清胆固醇(mg/100 ml)
王水生	大城市	178
李焱	中小城市	148
金光辉	农村	157.2
梁凯歌	乡镇	150.4
↓	↓	↓

启动 SPSS 进入 SPSS 工作表，首先单击 Variable View 进入变量查看视窗(图 2.1)，将鼠标置入 Name 列中单元格内，依次输入(命名)三个变量："病人姓名"、"所在地"和"胆固醇"。此步是对所涉及的变量进行命名。命名目的只是为了在数据处理时有助于记忆，可根据资料的具体情况进行命名，以简明扼要、便于记忆为原则，亦可在符合 SPSS 规定的前提下，随心所欲。

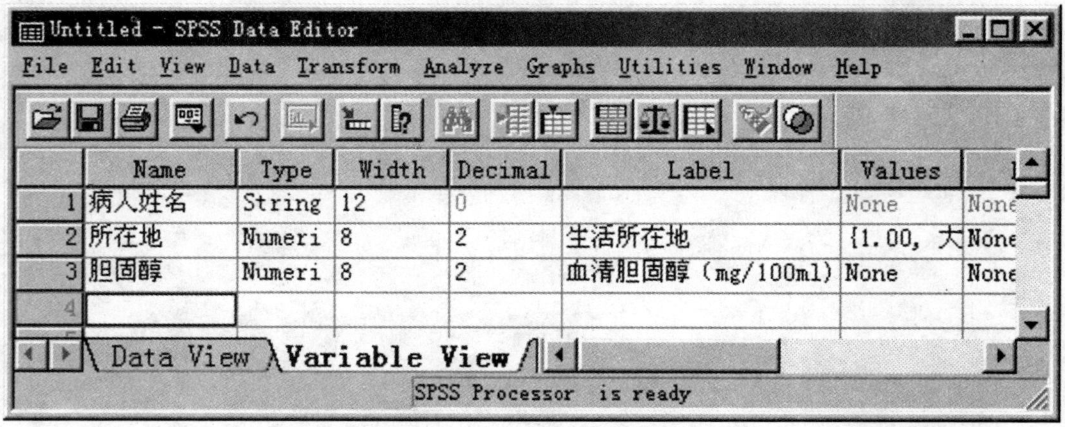

图 2.1 某医生测得病人血清胆固醇结果的变量定义方式

在变量“病人姓名”中，由于要输入每个病人的姓名，所以必须对此变量的类型(Type)进行定义。操作如下：用鼠标单击 Type 列中相应的单元格，则会弹出一对话框(图 2.2)，选中 String(字符串变量)。由于中国人的姓名多数不会超过 6 个汉字(12 字符)，可在 Characters(字符)框内键入 12，然后单击 OK 按钮，便完成对变量“病人姓名”的定义工作。SPSS 可将字符串最大宽度设定为 99 个字符。

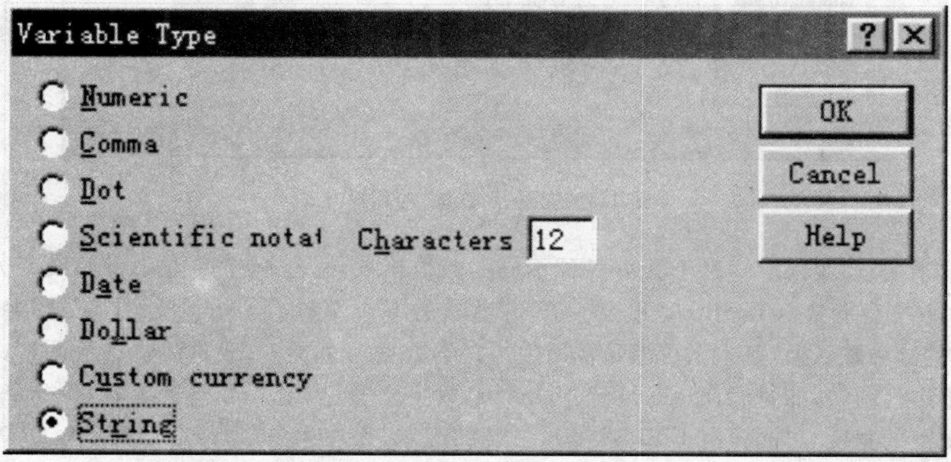

图 2.2 变量“病人姓名”的定义方式

在变量“所在地”中，设计者人为地将病人的所在地分为“大城市”、“中小城市”、“农村”和“乡镇”。如果将变量“所在地”定义为字符串变量，当输入每个病人的资料时，就会对“大城市”、“中小城市”、“农村”和“乡镇”出现重复输入，这显然较麻烦。对这种类型的变量，SPSS 提供了方便的“数值标记(Value Labels)”功能，即可用数值 1 代表“大城市”，用 2 代表“中小城市”，用 3 代表“农村”，用 4 代表“乡镇”。具体操作如下：

(1) 用鼠标单击变量“所在地”右边 Type 列中相应的单元格，则会弹出一对话框(图 2.2)，选中 Numeric(数字型变量)，然后单击 OK 按钮，将变量“所在地”定义为数字型变量(这通常是 SPSS 的默认方式，故可省略此操作)。

(2) 在其相应的 Label 列单元格中输入“生活所在地”，对变量“所在地”进行标记。由于 SPSS 规定变量名长度不得超过 8 个字符(4 个汉字)，无法建立变量“生活所在地”，为了便于以后的操作中不会忘记变量的属性，可对变量用 Label 命令进行标记。此步操作主要是为了方便记忆，对输出结果不会产生影响。如果读者对所命名变量了如指掌，可省略此步操作。

(3) 用鼠标单击 Values 列中相应的单元格，则会弹出一对话框(图 2.3)，在第一个 Value 右边的框内键入某一数值(如 1)，在第二个 Value 右边的框内输入该数值所代表的内容(如大城市)，每次按“Add”按钮，依次将所标记的代码(数值)及内容置入右边大框内，然后按“OK”按钮，即完成对变量“所在地”的“数值标记(Value Labels)”工作。

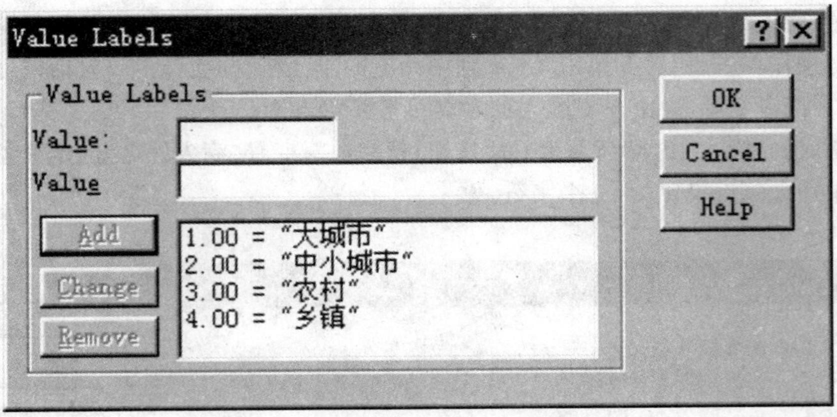

图 2.3　变量"所在地"的标记方式

对于变量"胆固醇",由于其由各种不同的数值组成,可按同样的方法将其设定为 Numeric(数字型变量),Width(宽度)为 SPSS 默认的 8 个字符,Decimal(小数点)后为 2 位。SPSS 的这种默认值,基本上可满足常用生物医学数据的需要,一般不需要进行调整。如果需要可进行调整,如宽度,SPSS 规定 Numeric(数字型变量)最大可调宽度为 99 个字符(包括小数点的宽度)。同样由于 SPSS 变量长度的规定,无法建立"血清胆固醇(mg/100 ml)"变量,为了便于记忆,可在相应的 Label 单元中,键入"血清胆固醇(mg/100 ml)"对变量"胆固醇"给予标记(图 2.1)。

完成对变量的命名及定义后,用鼠标点击工作表下方的 Data View(数据查看)命令,便进入数据操作工作表,在此工作表中可输入各自变量中的相应数据(图 2.4)。如果将鼠标指针移向相应变量,便显示出所注明内容(如"血清胆固醇(mg/100 ml)");当用鼠标点击此按钮(Values Labels),便会显示出数值所标记的内容(读者体会一下)。

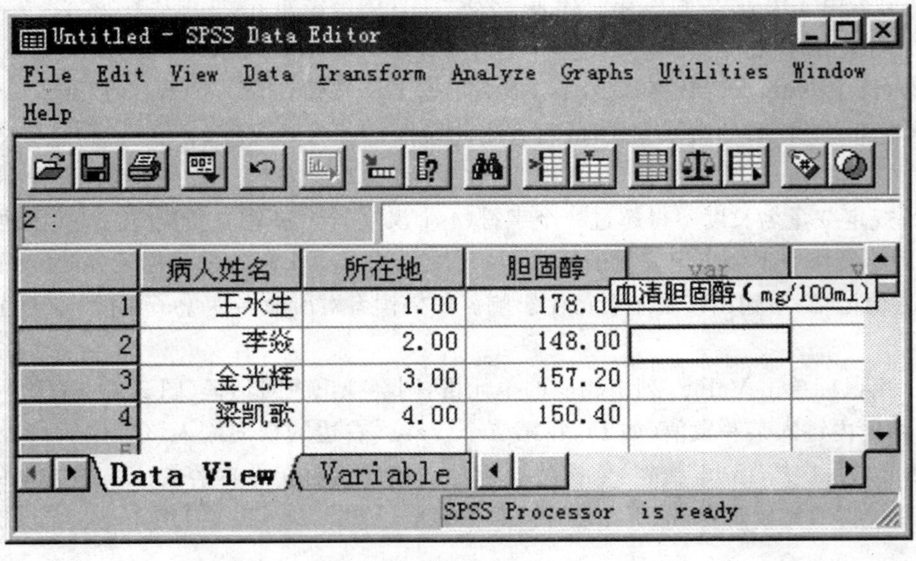

图 2.4　某医生测得病人血清胆固醇输入方式

二、数据库定义

由于数据库是个复杂的系统，难以用简单的语言对其下一个恰当的定义。但是，它主要由变量(属性，或称字段)、记录和观察值(Case，或称变量值，或称属性值)组成(图 2.5)。每一个记录中的变量值具有一定的相互关系、相互联系，彼此说明。

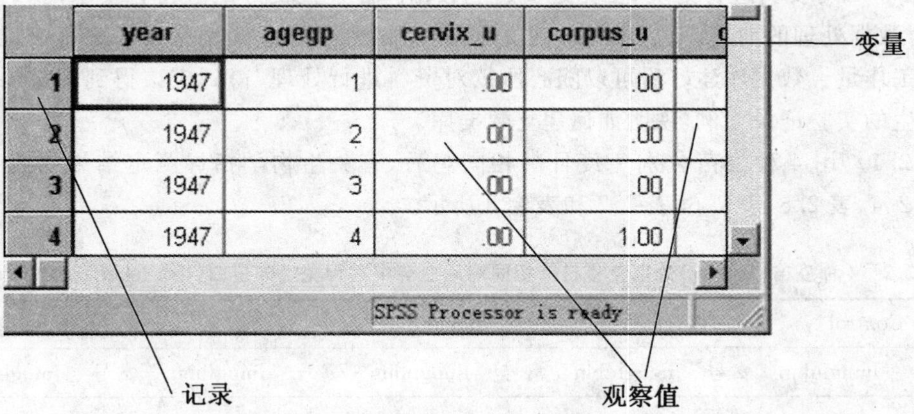

图 2.5　数据库的基本组成

变量：观察值(Case、变量值)的某些特征，如年龄、性别、职业、身高等的集合。在生物医学研究中，常用两种变量类型来描述资料：数值型变量和字符型变量。在 SPSS 中分别用 Numeric(数字型)变量和 String(字符串型)变量来表示两种变量的类型。凡是用定量方法或是用一定的单位获取或表示的资料，如身高、体重、血压、脉搏、酶活性、年龄及各种汇总所得率(或比)等，其变量类型必须设定为 Numeric(数字型)变量；凡是由一定的属性所组成的资料，如姓名、性别、家庭住址、家庭状况、等级资料等，也可以这样说，凡是要在单元中直接输入中文或字母变量，必须将该变量设定为 String(字符串型)变量，这种资料也称为归类变量资料。

三、建立数据库时应注意的问题

1. 不要破坏资料的原始性。只要能按数据库的要求输入自己所得资料，而不用顾及何者为先何者为后，可以随心所欲地整理资料，千万不可人为地破坏资料的原始性，一旦破坏很难恢复。资料的原始性是进行正确统计分析的前提，这一点应特别注意。

2. 不要将毫无关系的观察值(Case、变量值、属性值)输在同一个记录中。既然是数据库，它必然有一定要求(结构)，输入资料时，应稍动动头脑，按照一定的格式输入，不可根据自己的想象输入数据，因为计算机是根据一定的格式(程序)运行的。

3. 最好以代码的形式建立数据库(输入资料)。众所周知，计算机是美国人发明的，最基本的操作系统是西(英)文命令，而中文等操作系统是在此基础上建立起来的。因此，为了保证数据库资料有较好的兼容性，而不会在相互调用时产生乱码，最好能用英文或阿拉伯数字代替中文输入，例如，可用“1”代替“有效”，“2”代替“无效”；“y”代替“好转”，“n”代替“未见好转”。只要读者心中明白各自所代表的“内容”，做好有关的记录，就会使该数据库操作起来得心应手。

四、数据库的建立

用SPSS对资料进行处理，首先是要建立数据库。建立良好的且符合要求的数据库，是SPSS对数据处理的前提。也可以说，建立了某资料数据库，也就是完成了该资料统计处理80%的工作量。数据库建好后可以随心所欲对资料进行处理，得到应该得到的结果。现以某研究生的实验记录为例，说明如何建立数据库。

例2.1 用4种疫苗分别免疫日龄相同鸡后，有关生物学指标测定结果如表2.2、表2.3、表2.4、表2.5、表2.6、表2.7和表2.8所示。

表2.2 4种疫苗(Vaccine)分别免疫日龄相同鸡后血清中某种免疫球蛋白(Imuglubin)(μg/100 ml)

Control		Vaccine A		Vaccine B		Vaccine C		Vaccine D	
禽号	Imuglubin	禽号	Imuglubin	禽号	Imuglubin	禽号	Imuglubin	禽号	Imuglubin
1	90.41	7	86.16	13	84.25	19	91.22	25	92.75
2	83.50	8	87.56	14	92.63	20	92.91	26	76.63
3	90.69	9	90.19	15	90.25	21	89.78	27	88.59
4	91.81	10	87.03	16	91.31	22	90.19	28	91.41
5	87.47	11	90.03	17	81.75	23	90.44	29	90.94
6	89.94	12	91.38	18	83.28	24	91.72	30	84.03

表2.3 对照组鸡体重变化(g)

禽 号	第1周	第3周	第5周
1	29	23	25
2	27	22	20
3	30	35	38
4	22	30	32
5	15	24	27
6	21	35	36

表 2.4　疫苗 A 免疫日龄相同鸡后体重变化(g)

禽　号	第 1 周	第 3 周	第 5 周
7	23	25	13
8	26	30	35
9	20	25	20
10	20	26	21
11	16	19	22
12	20	30	21

表 2.5　疫苗 B 免疫日龄相同鸡后体重变化(g)

禽　号	第 1 周	第 3 周	第 5 周
13	21	25	27
14	28	30	31
15	25	26	28
16	15	35	30
17	18	19	23
18	24	35	30

表 2.6　疫苗 C 免疫日龄相同鸡后体重变化(g)

禽　号	第 1 周	第 3 周	第 5 周
19	26	21	30
20	14	16	20
21	18	27	24
22	22	25	30
23	18	20	23
24	24	30	28

表 2.7　疫苗 D 免疫日龄相同鸡后体重变化(g)

禽　号	第 1 周	第 3 周	第 5 周
25	27	26	28
26	15	25	26
27	21	29	24
28	26	36	30
29	23	40	35
30	26	35	40

表 2.8　4 种疫苗分别免疫日龄相同鸡后实验终点时死亡情况

禽　号	死亡情况	禽　号	死亡情况	禽　号	死亡情况	禽　号	死亡情况	禽　号	死亡情况
1	alive	7	alive	13	died	19	died	25	died
2	alive	8	died	14	alive	20	alive	26	alive
3	alive	9	alive	15	alive	21	died	27	alive
4	alive	10	died	16	alive	22	alive	28	died
5	alive	11	died	17	died	23	alive	29	alive
6	alive	12	alive	18	alive	24	died	30	alive

从上述科研记录来看，有 30 只动物(鸡)，编号(num)从 1 到 30，被分为 5 组(对照组、疫苗 A、疫苗 B、疫苗 C、疫苗 D)，分别获得每个个体的免疫球蛋白含量及第 1、3、5 周的体重变化以及在实验结束时实验动物的死亡状况。现在就用该资料对如何建立数据库作一叙述。

启动 SPSS 进入工作表后，首先点击 Variable View 进入变量查看工作表，在变量命名(Name)列中输入(定义)5 个变量名，分别为 num(表示鸡的编号)、glubin(表示免疫球蛋白)、group(表示受试动物所处的组)、dl(表示实验结束时实验动物的死亡状况)、bw1(表示受试动物第 1 周的体重)、bw3(表示受试动物第 3 周的体重)和 bw5(表示受试动物第 5 周的体重)，并将所有的变量类型(Type)定义为 Numeric(数字型变量)，这种变量类型通常为 SPSS 默认方式，只要用鼠标在任意单元格内单击一下，便会在 Type 栏的相应单元内显示 Numeric。为了有助于记住各变量所代表内容，可在 Label 列(栏)内对相应的变量进行标记，如对"glubin"标记为"Imuglubin(μg/100ml)"，对"dl"标记为"died or alive in end"……(图 2.6)。

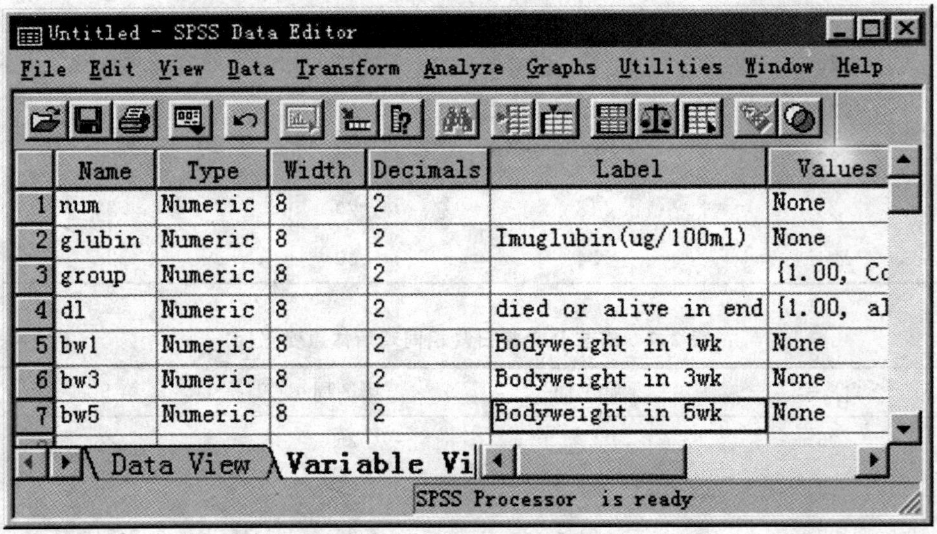

图 2.6　例 2.1 资料的变量命名方式

为了输入方便，对变量"group"中的观察值(Case)可进行标记，用 1 代表 Control(对照组)，用 2 代表 Vaccine A(接种 A 疫苗)，用 3 代表 Vaccine B(接种 B 疫苗)用 4 代表 Vaccine C(接种 C 疫苗)，用 5 代表 Vaccine D(接种 D 疫苗)；对变量"dl"中两种属性进行标记，用 1 表示 alive(存活)，用 2 表示 died(死亡)，图 2.7 和图 2.8 所示。

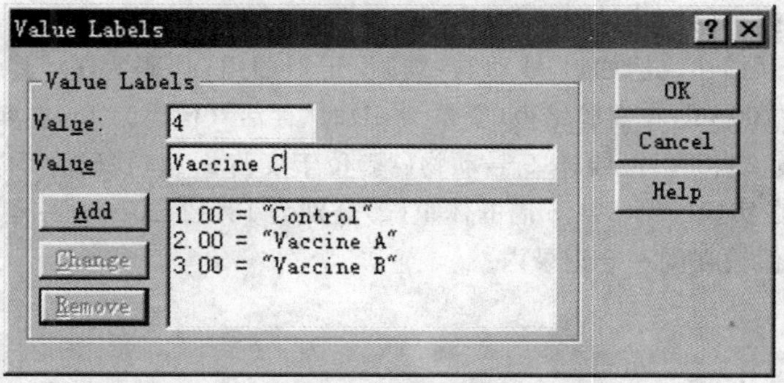

图 2.7　变量"group"中变量值的标记方式

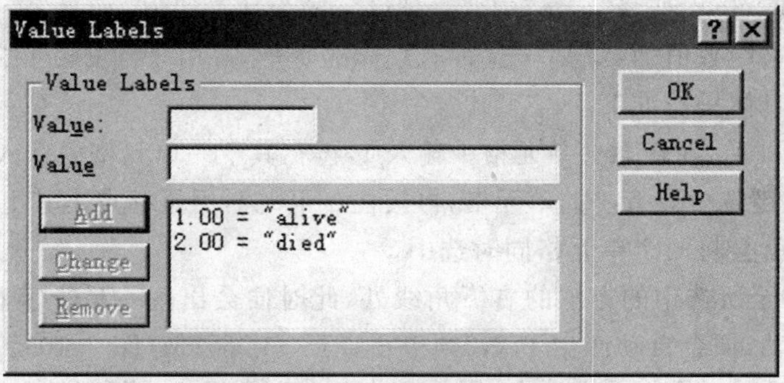

图 2.8　变量"dl"中变量值的标记方式

完成对上述变量的命名后，可点击 Data View 进入数据查看工作表，在各自变量的相应的单元格内，输入各自的应有的数值或代码(图 2.9)。

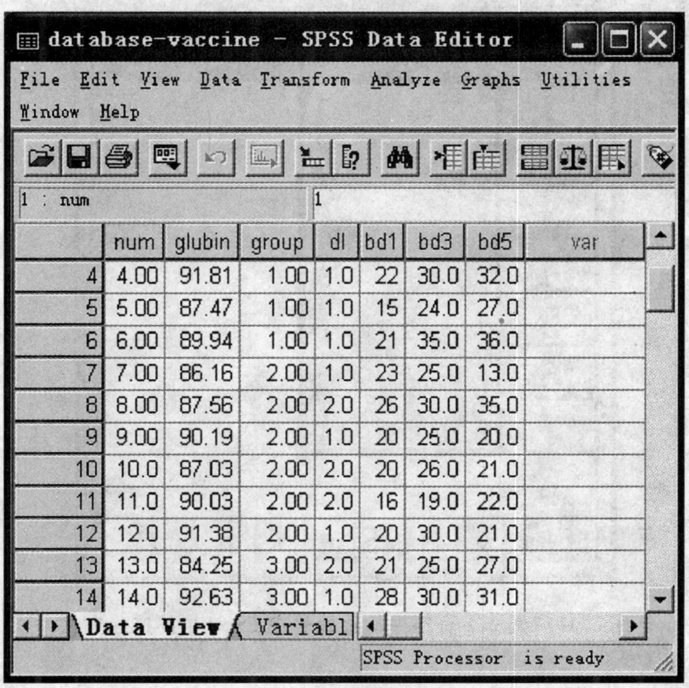

图 2.9　例 2.1 资料的输入方式

通过上述数据库的构建过程，可以发现各变量间的数据必须形成一定的关系，也就是说各变量数据间相互描述。例如，1号动物（鸡）位于对照组（代码为1），其免疫球蛋白（glubin）为90.41 μg/100 ml，在实验结束（变量为dl）时“存活”（代码为1），在实验的第1、3、5周的体重(g)分别为29、23、17；同样，9号动物（鸡）位于疫苗A组（代码为2）在实验结束时“死亡”（代码为2），在实验的第1、3、5周的体重(g)分别为13、12、20……一言以蔽之，必须将各变量间有关的数值输在同一个记录内。

五、使用技巧

从上述数据库可见，变量“num”中变量值(Case)为从1到30，而且每一个单元格的数值均为前一个单元格中数值加1。对于这种有规律的变量，可用软件Excel中单元格地址的移动功能来实现。具体操作如下：

1. 启动Excel后，在任意一单元格中输入1，再在其下一单元格中输入2。

2. 用鼠标左键选中具有1的单元格，再按住Shift健，用鼠标点击其下一单元格（具有2的单元格），这样就会将两个单元格同时选中。

3. 将鼠标移至所选中的方框的右下角线处，此时便会出现一呈十字状的填充臂，按住鼠标左健向下拖动，便会自动产生1，2，3，4……直至30等数值（图2.10）。

4. 将具有1到30的单元格选中，用软件中的“复制(Copy)”和“粘贴(Paste)”命令，将其粘贴到SPSS的“num”变量的单元格中。

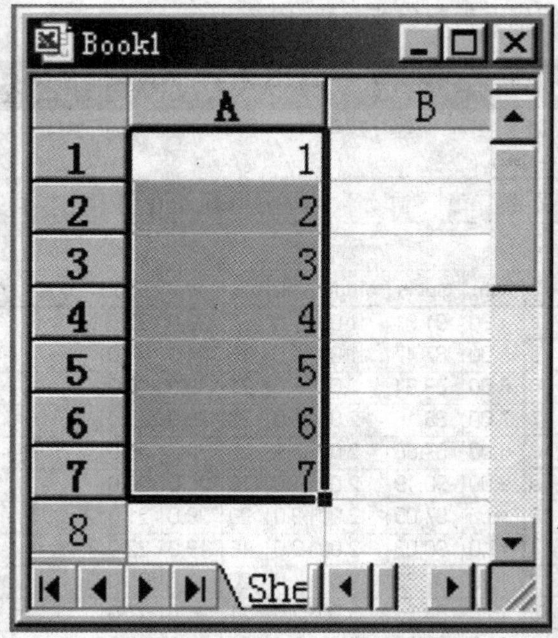

图2.10　例2.1资料中动物编号在Excel中的产生方法

六、练习

1. 用两种疫苗分别免疫 8 只动物，测得某指标记录如下，请用 SPSS 建一数据库。

	编号	1	2	3	4	5	6	7	8
疫苗 A	接种前	23	26	13	15	16	14	15	12
	接种后	11	20	27	11	10	26	18	17
疫苗 B	接种前	21	28	25	15	18	24	18	18
	接种后	27	18	28	22	27	12	14	19

2. 某同学用平板法测 8 个教室的细菌总数，每个教室放置 3 个平板，记录如下。请用 SPSS 建一数据库。

教室编号	1	2	3	4	5	6	7	8
平板 1 细菌数	90	26	50	115	116	114	115	112
平板 2 细菌数	120	300	45	111	110	126	118	117
平板 3 细菌数	123	36	55	114	115	116	117	118

第三章 资料的整理

一、资料的分组

（一）计算频数

在实际工作中，往往想知道某计量资料在某一组段的频数，如身高在某范围内有多少人；不同年龄段有多少人等。现以例 3.1 资料说明如何计算频数。

例 3.1 某地 1998 年随机调查了 110 名 20 岁男大学生的身高(cm)，资料如下。请将其分为 8～13 组，求某一组段的人数(频数)，并说明其分布特点。

173.9	173.9	166.9	179.5	171.2	167.8	177.1	174.7	173.8	182.5
173.6	165.8	168.7	173.6	173.7	177.8	180.3	173.1	173.0	172.6
173.6	175.3	178.4	181.5	170.5	176.4	170.8	171.8	180.7	170.7
173.8	164.4	170.0	175.0	177.7	171.4	162.9	179.0	174.9	178.3
174.5	174.3	170.4	173.2	174.5	173.7	173.4	173.9	172.9	177.9
168.3	175.0	172.1	166.9	172.7	172.2	168.0	172.7	172.3	175.2
171.9	168.6	167.6	169.1	166.8	172.0	168.4	166.2	172.8	166.1
173.5	168.6	172.4	175.7	178.8	169.1	175.5	170.8	171.7	164.6
171.2	169.1	170.7	173.6	167.2	170.7	174.7	171.8	167.3	174.8
168.5	178.7	177.3	165.9	170.4	170.2	169.5	172.1	178.2	170.9
171.3	176.1	169.7	177.9	171.1	179.3	183.5	168.5	175.5	175.9

1. 输入数据

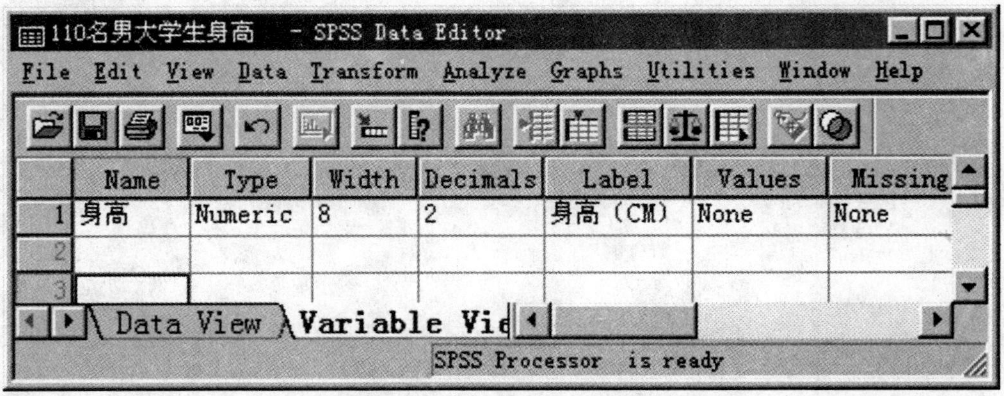

图 3.1 110 名 20 岁男大学生的"身高"变量的定义

启动 SPSS 10.0 后，点击 Variable View 进入变量查看工作表，按图 3.1 所示的方式将变量名命名(Name)为“身高”，用鼠标点击变量类型(Type)栏，定义为 Numeric(数字型变量)，Width(宽度)为 8 位，Decimals(小数点)后为 2 位(这是 SPSS 默认的方式)。在 Label(标记)的单元格内输入“身高(cm)”，对变量“身高”进行标记。

完成对变量的命名后，点击 Data View 进入数据查看工作表，将该 110 个身高数据分别输入到变量名为“身高”各个单元格内(图 3.2)。

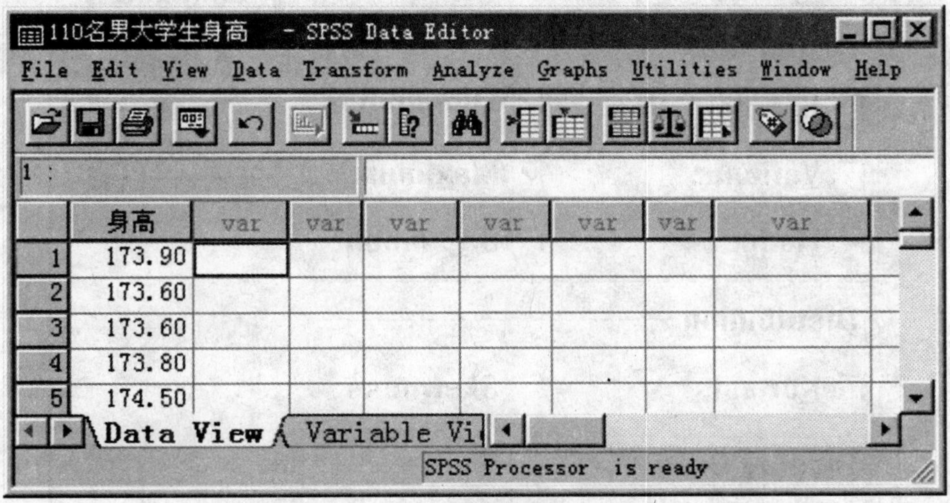

图 3.2　110 个身高数据的输入方式

2. 求最大值(Maximum)、最小值(Minimum)和全距(Range)

既然要对变量“身高”进行分组，必须知道从多少到多少为一组，最后一组为何值时结束，总共要分多少组。因此必须知道资料的最大值、最小值和全距。当资料例数较多时，很难用肉眼找出(算出)最大值、最小值和全距，如果用 SPSS 将会使此过程变得非常容易。具体操作如下。

(1) 单击“Analyze(分析)”菜单，选中“Descriptive Statistics(描述性统计)”→“Descriptives(描述)”命令，则弹出对话框(图 3.3)。

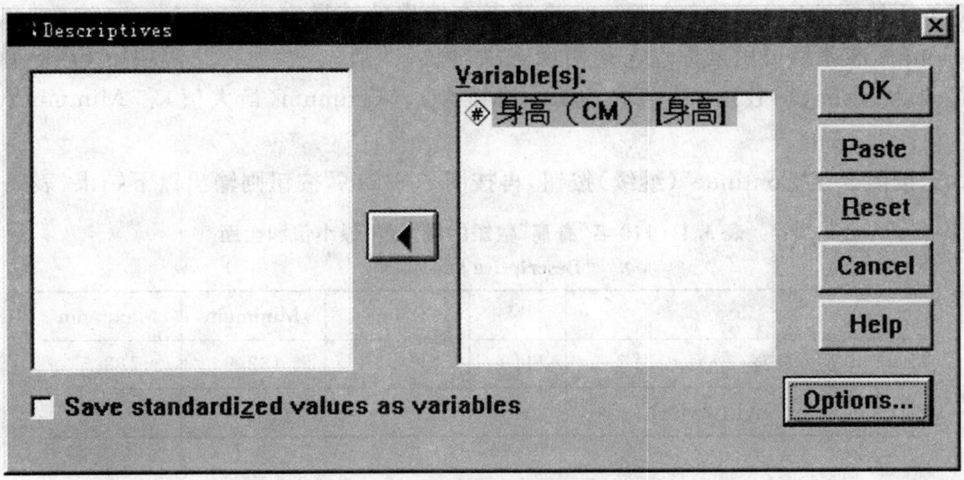

图 3.3　求“身高”的描述性指标

（2）用鼠标选中“身高”变量，按  按钮将“身高”变量置于右边 Variable(s)框内，点击“Options...（选项）”按钮，则弹出对话框（图 3.4）。

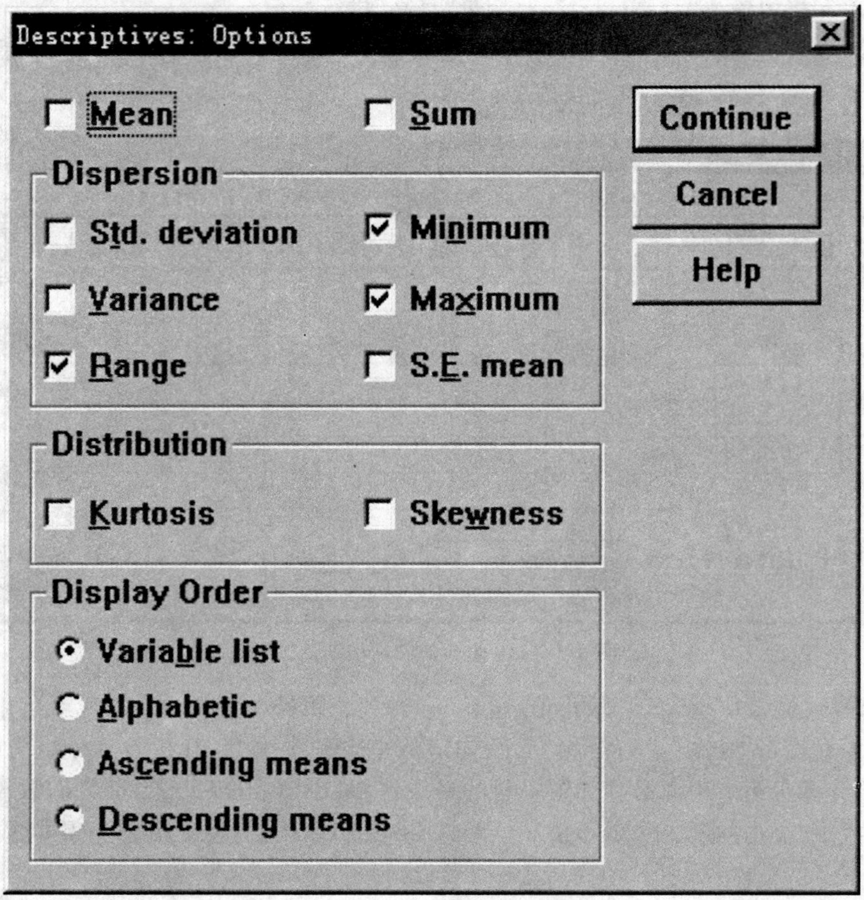

图 3.4 描述性统计指标选项框

（3）用鼠标选中 Range（全距），如果读者在输出的结果中不想要 Mean（均数）和 Std. Deviation（标准差），可用鼠标点击该两项选项，使“√”消失，因为在此模块中 SPSS 默认的输出结果为 Mean（均数）、Std. Deviation（标准差）、Maximum（最大值）和 Minimum（最小值）。

（4）按图 3.4“Continue”（继续）按钮，再按图 3.3“OK”按钮则输出以下结果（表 3.1）。

表 3.1 110 名“身高”数据的最大值、最小值和全距

Descriptive Statistics

	N	Range	Minimum	Maximum
身高（cm）	110	20.6	162.9	183.5
Valid N (Listwise)	110			

3. 分组

将 110 名"身高"数据分为 11 个组段，组距为 2cm（20.6/11），其分组依次为 162～164，164～166，166～168，168～170，170～172，172～174，174～176，176～178，178～180，180～182，182～184，试计算各组段中有多少人数。操作如下：

（1）单击"Transform（转换）"菜单，选中"Compute（计算）"命令，则弹出对话框（图 3.5）。

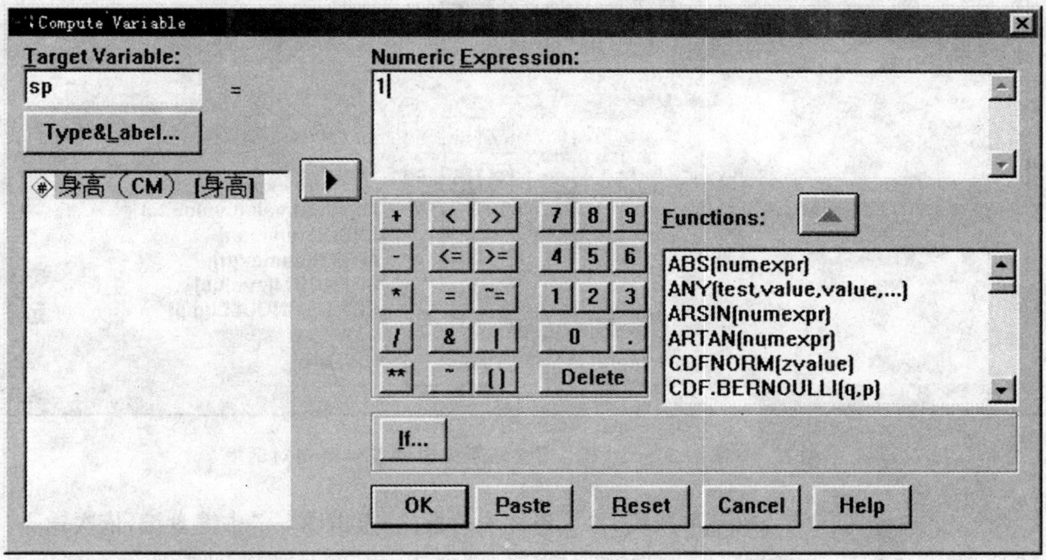

图 3.5 变量转换对话框

（2）在 Target Variable（目标变量）栏键入任意变量名，如"sp"，在 Numeric Expression（数式表达）框内输入任意代码，如"1"。为了便于在输出结果中知道有关输出的内容，可根据需要按"Type&Label..."按钮，弹出如图 3.6 所示的对话框，可在 Label 栏中键入"各组段频数"，并单击"Continue"按钮。

图 3.6 按"Type & Label..."按钮所弹出的对话框

（3）按图 3.5 中"If..."（如果）按钮，则弹出如图 3.7 所示对话框，选中"Include if case satisfies condition"，意思是对符合下列条件的单元（观察值）进行操作。

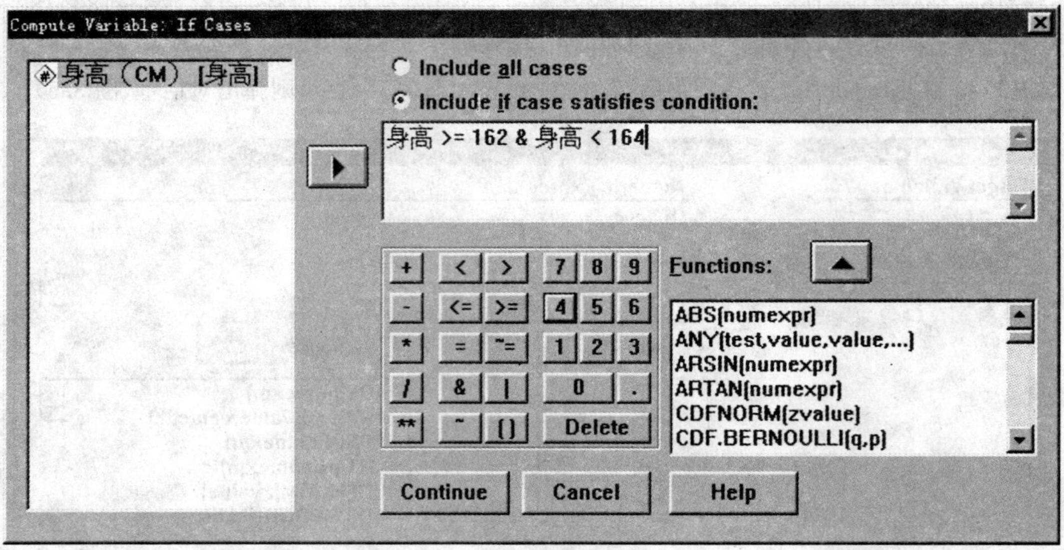

图 3.7　按图 3.5 中"If..."按钮所弹出的条件语句对话框

（4）选中"身高"变量，按三角按钮，置入条件表达框内，点击图 3.7 中键盘键，依次输入"＞＝162& 身高＜164"，再按"Continue"按钮，然后按图 3.5 中"OK"按钮。此时便会在工作表变量名为"身高"右边产生一个变量名为"sp"新的变量名。会发现凡是身高在 162～164cm 之间的记录，其相应的"sp"变量值为 1（代码）。也可以这样说，凡是变量值（观察值）位于 162～164 组均用代码 1 表示。如果把指针移到"sp"变量时，便会显示出图 3.6 所标记的内容。

（5）完成对 162～164 组的操作后，再重复上述（1）～（4）步操作，不同的是第（2）步要将数字变一下，如可改为 2（代码），在第（4）步也应有变化，如键入"＞＝166& 身高＜168"，依次类推，完成上述 11 个组段的操作。

注　当首先完成第一组（如 162～164 组）操作后，在进行第二组（如 164～166 组）及以后的分组操作过程中，将会产生一个对话框（图 3.8），其意是是否改变现有的变量？（Change existing variable?）此时应按确定按钮以取代进行第一组分组过程中所产生的缺省值。

图 3.8　第二组以后的分组所产生的对话框

4. 变量标记

通过分组操作使得“sp”变量中产生 1～11 个相应的代码，最好能对该 11 个不同的代码进行标记，否则在今后的输出结果中，将不知道各个代码各自所代表的内容是什么。“sp”变量标记操作方法如下。

(1) 将鼠标移至“sp”变量处，双击鼠标左键，则自动进入 Variable View（变量查看）工作表。

(2) 将鼠标移至“sp”变量相应的 Values 列的单元格中，双击鼠标左键，则弹出图 3.9。在 1 号框内分别输入变量值的代码，2 号框内输入代码所代表的内容，如 1 号框内输入 1，2 号框内则输入 162～164，余类推。Add 为置入按钮，可将输入的内容置入 3 号框。每次将各代码及所代内容输入到 1 和 2 号框后，必须按“Add”按钮，才可能进行下一个代码的标记工作。3 号框显示各代码所代表的内容。“Change（修改）”和“Remove（去除）”可对 3 号框内的内容进行修改或删除。

(3) 完成对各代码的标记操作后，按“Continue”按钮，进入工作表，即完成对变量值的标记工作。

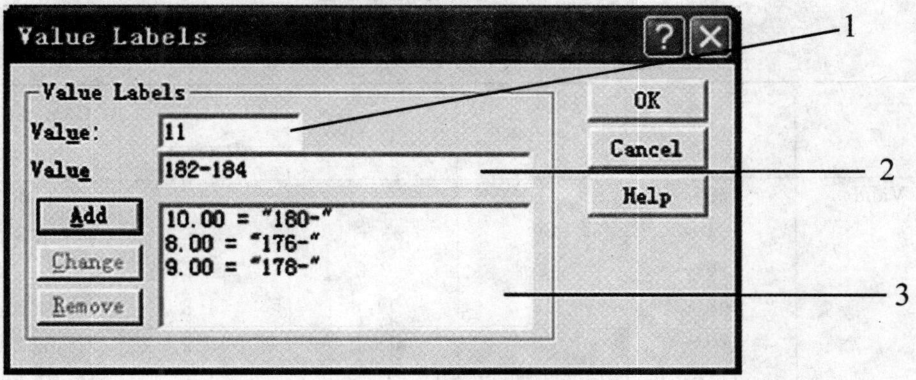

图 3.9　sp 变量值的标记方法

5. 求频数

(1) 单击“Analyze（分析）”→“Descriptive Statistics（描述性统计）”，在下拉式菜单中选中“Frequencies（频数）”命令则弹出图 3.10，按三角按钮将“sp”变量置入 Variable(s)框内。

(2) 按“OK”键，则输出如表 3.2 所示结果。Frequency 栏即为各组段的频数（人数），Percent 栏为各组段频数百分率，Valid Percent 栏为各组段频数的有效百分率，Cumulative Percent 栏为各组段的累积百分率。

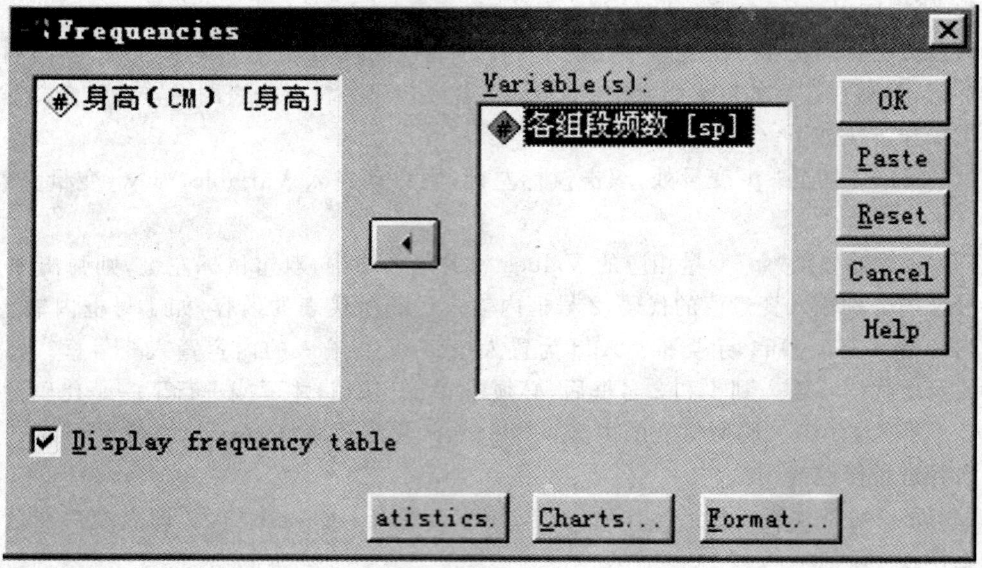

图 3.10　求频数的对话框

表 3.2　110 名男大学生身高频数分布

		Frequency	Percent	Valid Percent	Cumulative Percent
Valid	162～	1	9	9	9.0
	154～	4	3.6	3.6	4.5
	166～	9	8.2	8.2	12.7
	168～	13	11.8	11.8	24.5
	170～	20	18.2	18.2	42.7
	172～	27	24.5	24.5	67.3
	174～	15	13.6	13.6	80.9
	176～	8	7.3	7.3	88.2
	178～	8	7.3	7.3	95.5
	180～	3	2.7	2.7	98.2
	182～184	2	1.8	1.8	100.0
	Total	110	100	100	

从频数表可以看出大多数集中 170～172 组左右，数据由中间到两侧逐渐减少，数据的这种分布特征体现了离散趋势，这种分布特征又称为正态分布(Normal Distribution)。

(二) 求各组均数(平均数)、标准差

例 3.2　现再以上述 110 例男大学生身高为例加以说明。通过上述的分组操作，资料被分成了 11 组。可以发现凡身高在不同组之间的值，其变量"sp"的相应单元格值(代码)均不相同。此时可以把"sp"看成为分组变量。具体操作如下：

1. 用鼠标双击"sp"变量，进入 Variable View(变量查看)工作表，在其 Label 栏将"各组段的频数"改为"分组"。此步操作的目的只是为了便于观察，使得在输出结果有"分组"二

字，否则则为“各组段的频数”。如果读者明白此变量的真正含义，可不进行此步操作。

2. 单击主菜单 Analyze(分析)→Compare Means(比较均数)→Means(均数)命令，则弹出如图 3.11 所示的对话框，按右边三角按钮将“身高”变量置入 Dependent List(因变量)框内，将“sp”变量置入 Independent List(自变量)框内，按“OK”按钮即会输出表 3.3 结果。

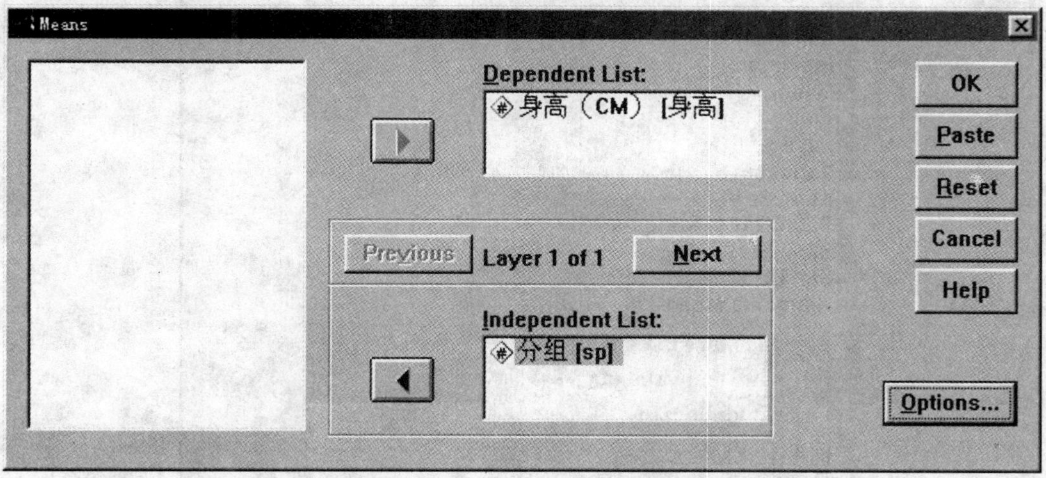

图 3.11　求各组统计指标的对话框

表 3.3　不同身高段的均数与标准差

Report

身高(cm)

分组	Mean	N	Std. Deviation
162～	162.900 0	1	
164～	165.175 0	4	0.784 8
166～	166.977 8	9	0.574 0
168～	168.776 9	13	0.490 2
170～	170.975 0	20	0.556 2
172～	173.114 8	27	0.642 5
174～	175.033 3	15	0.473 1
176～	177.275 0	8	0.698 5
178～	178.775 0	8	0.471 3
180～	180.833 3	3	0.611 0
182～184	183.000 0	2	0.707 1
Total	172.695 5	110	4.141 7

Mean 为均数，N 为各组观察值的例(个)数，Std. Deviation 为标准差，为英文 Standard Deviation 的缩写，通常用 S 或 S. D 表示。

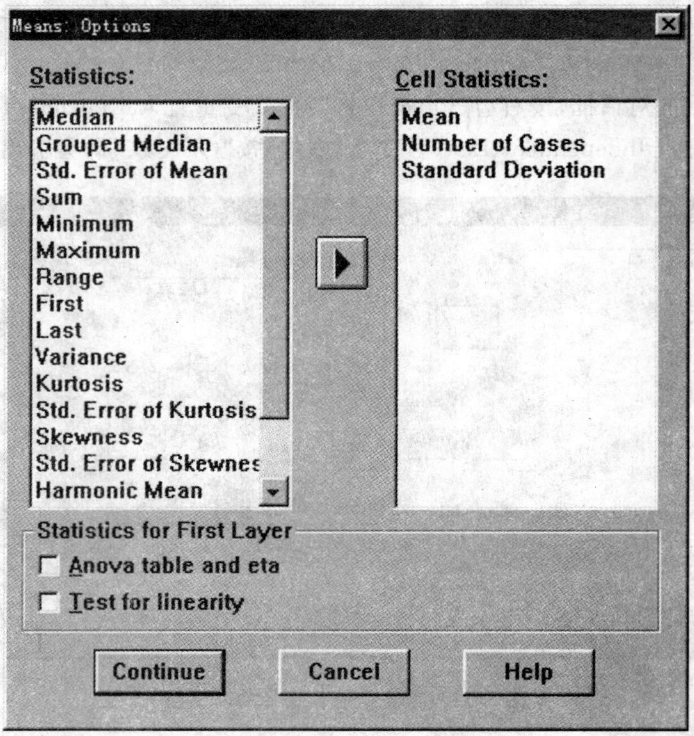

图 3.12　按图 3.11"Options..."按钮所弹出的对话框

注　在此模块的操作规程中，SPSS 默认的输出指标为 Mean(均数)、N(观察值的例数，Number of Cases)和 Std. Deviation(标准差)。如果读者还需要其他统计指标，可按"Options..."(选项)按钮，则弹出图 3.12，可用鼠标选中左边 Statistics 框内的所要求的统计指标，按动三角按钮将其置入右边的 Cell Statistics 统计框内，然后按"Continue"按钮，再按图 3.11"OK"按钮，便可输出所要求的统计指标。

在某种情况下可能需选取的指标有：Median(中位数)、Grouped Median(组中值)、Std. Error of Mean(标准误)、Sum(总和，相当于 $\sum X$)、Minimum（最小值)、Maximum（最大值)、Range（全距)、Variance(方差)等。

二、求多层分组资料的均数和标准差

例 3.3　请看下列数据库。该数据库由 5 个单位(医学院、人文学院、工学院、理学院和农学院)大学生的部分心理学测量指标组成。从该数据库可见，各学院分别统计了不同性别(男、女)大学生中的不同家庭收入的心理状态。如果想知道各学院不同性别、不同家庭收入的心理学测量指标(躯体化、焦虑)及年龄的平均值(Mean)和标准差(Std. Deviation)各是多少时，应该如何操作？

表 3.4 某大学大学生心理学统计指标

单位	姓名	家庭收入	性别	年龄	躯体化	焦虑
医学院	力××	中收入	女	20	14	38
医学院	龙××	高收入	男	16	17	10
理学院	张××	中收入	男	20	11	14
医学院	陈××	中收入	男	18	12	10
理学院	杭××	低收入	男	20	12	10
农学院	黄××	中收入	女	18	12	10
医学院	丁××	中收入	男	19	13	11
人文学院	李××	中收入	男	18	14	14
人文学院	高××	低收入	女	19	12	13
人文学院	许××	中收入	男	19	13	12
工学院	张××	中收入	男	28	13	12
工学院	黄××	中收入	男	20	14	12
理学院	姜××	中收入	男	19	12	11
医学院	陈××	中收入	男	19	12	13
医学院	华××	低收入	男	19	12	12
医学院	戚××	高收入	男	20	12	12
工学院	左××	中收入	男	19	12	11
农学院	王××	高收入	男	20	12	10
理学院	朱××	低收入	男	19	16	13
理学院	郑××	低收入	男	20	15	12
人文学院	叶××	高收入	女	23	14	14
医学院	谢××	高收入	男	20	13	11
农学院	张××	中收入	男	20	13	11
农学院	易××	中收入	女	17	12	13
医学院	张××	低收入	男	19	15	11
理学院	孙××	中收入	女	20	15	11
理学院	朱××	中收入	女	19	11	12
农学院	段××	中收入	男	20	12	11
理学院	盛××	中收入	女	18	13	13
理学院	顾××	高收入	女	21	15	18

续表 3.4

单　位	姓　名	家庭收入	性　别	年　龄	躯体化	焦　虑
医学院	王××	中收入	女	19	12	13
农学院	王××	中收入	女	18	13	6
人文学院	张××	中收入	女	17	14	10
理学院	朱××	高收入	女	20	12	10
医学院	朱××	中收入	男	20	13	10
工学院	许××	中收入	女	19	12	10
工学院	朱××	中收入	男	20	13	11
理学院	吴××	高收入	男	19	12	12
医学院	洪××	低收入	女	20	15	8
农学院	黄××	高收入	男	20	14	11
工学院	吴××	中收入	男	19	13	12
农学院	陈××	中收入	女	20	12	15
工学院	蒋××	中收入	男	33	16	13
理学院	杨××	中收入	男	20	12	13
农学院	金××	中收入	男	20	12	15
理学院	王××	高收入	男	20	17	11
工学院	朱××	低收入	女	18	13	12
工学院	叶××	低收入	女	19	12	11
工学院	朱××	中收入	男	21	14	13
医学院	刘××	中收入	男	26	14	14
农学院	朱××	中收入	男	21	12	13
医学院	裘××	高收入	女	20	14	12
农学院	缪××	中收入	男	20	15	12
理学院	范××	低收入	女	20	14	16
工学院	姜××	中收入	女	17	12	18
农学院	潭××	高收入	男	21	19	14
农学院	叶××	中收入	女	23	15	12
医学院	吴××	中收入	男	18	13	13
理学院	倪××	低收入	男	20	18	10
理学院	陆××	低收入	男	19	17	13

续表 3.4

单位	姓名	家庭收入	性别	年龄	躯体化	焦虑
农学院	路××	中收入	男	19	17	13
农学院	姚××	中收入	男	20	16	22
医学院	赵××	中收入	男	19	12	14
医学院	许××	中收入	男	20	14	16
人文学院	戴××	低收入	女	18	15	11
医学院	马××	低收入	男	19	13	13
工学院	李××	中收入	男	19	13	15
工学院	徐××	中收入	女	20	12	12
农学院	段××	中收入	男	18	18	13
医学院	崔××	低收入	女	19	24	13
理学院	欧××	中收入	男	18	14	13
医学院	杨××	高收入	男	21	21	16
农学院	井××	高收入	男	20	13	10
工学院	赵××	低收入	男	20	17	21
医学院	俞××	中收入	男	21	17	21
人文学院	赵××	中收入	男	18	12	14
农学院	倪××	低收入	男	20	12	10
医学院	江××	高收入	男	21	12	13
工学院	刘××	中收入	男	19	14	15
医学院	邹××	中收入	女	19	13	12
理学院	周××	中收入	女	19	13	12
农学院	陈××	低收入	男	20	13	11
医学院	顾××	低收入	男	20	13	11
人文学院	朱××	高收入	女	18	14	18
农学院	宋××	低收入	女	20	16	16
农学院	顾××	低收入	女	19	14	21
农学院	徐××	高收入	男	19	12	11
理学院	郑××	高收入	女	19	14	12
工学院	仇××	低收入	女	18	12	15
农学院	王××	低收入	男	20	12	14

续表 3.4

单 位	姓 名	家庭收入	性 别	年 龄	躯体化	焦 虑
理学院	华××	中收入	男	20	15	13
医学院	居××	中收入	女	20	15	13
医学院	龚××	中收入	男	19	13	12
农学院	赵××	低收入	男	19	13	12
医学院	姚××	中收入	男	20	14	14
医学院	郁××	高收入	男	21	11	12
医学院	扬××	低收入	女	19	14	14
理学院	焦××	低收入	女	17	15	16
人文学院	朱××	中收入	男	20	14	13
农学院	张××	中收入	女	20	12	10
理学院	赵××	高收入	女	20	12	10
农学院	周××	中收入	男	18	13	11
理学院	丁××	低收入	女	18	13	11
理学院	丁××	中收入	男	19	13	11
理学院	王××	低收入	男	20	12	10
人文学院	王××	中收入	男	20	12	10
人文学院	袁××	低收入	男	20	15	14
医学院	张××	高收入	男	20	14	14
理学院	杨××	中收入	女	20	17	13
人文学院	江××	低收入	女	23	17	13
医学院	张××	中收入	男	17	16	18
农学院	樊××	中收入	女	20	14	14
农学院	陈××	中收入	男	20	13	11
农学院	陆××	低收入	男	19	14	15
理学院	蒋××	中收入	男	19	12	17
农学院	谭××	低收入	女	19	12	17
人文学院	韦××	高收入	男	21	12	17
医学院	朱××	中收入	男	18	16	13
农学院	高××	低收入	男	18	16	13
理学院	栾××	中收入	男	18	16	13

续表 3.4

单位	姓名	家庭收入	性别	年龄	躯体化	焦虑
农学院	王××	中收入	男	18	16	13
医学院	唐××	低收入	男	19	15	15
人文学院	吴××	低收入	女	18	15	12
农学院	姜××	低收入	男	21	14	16
农学院	姜××	高收入	男	21	14	16
农学院	廉××	低收入	男	23	20	23
农学院	张××	中收入	女	18	17	15
人文学院	郭××	中收入	女	19	19	13
医学院	朱××	低收入	女	20	20	16
医学院	龙××	中收入	男	16	18	16
人文学院	李××	中收入	男	20	16	18
理学院	李××	高收入	男	19	23	20
农学院	武××	中收入	女	17	16	25
工学院	王××	高收入	男	19	16	14
工学院	夏××	中收入	女	17	21	14
工学院	王××	中收入	女	18	24	22
医学院	张××	高收入	女	18	14	12
农学院	张××	中收入	男	17	16	18
医学院	谭××	中收入	女	20	25	26
工学院	徐××	高收入	女	20	21	24
医学院	丁××	高收入	男	19	17	12
医学院	冯××	低收入	女	19	17	15
医学院	郑××	中收入	女	19	17	15
理学院	顾××	中收入	男	20	17	13
理学院	胡××	低收入	男	20	29	21
理学院	朴××	中收入	男	22	18	16
工学院	卜××	中收入	男	18	18	16
理学院	高××	中收入	男	19	15	15
理学院	李××	中收入	男	19	15	15
人文学院	黄××	中收入	女	18	13	11

续表 3.4

单 位	姓 名	家庭收入	性 别	年 龄	躯体化	焦 虑
农学院	常××	中收入	男	19	19	23
理学院	杨××	中收入	男	18	15	17
人文学院	陈××	低收入	女	23	24	18
农学院	江××	低收入	男	19	16	17
理学院	徐××	高收入	女	19	21	23
理学院	王××	中收入	男	18	36	23
农学院	无××	低收入	男	18	36	23
工学院	陆××	中收入	男	19	36	23
工学院	蒋××	高收入	男	20	20	22
医学院	魏××	低收入	女	18	28	28
理学院	王××	低收入	女	19	18	20
农学院	滕××	中收入	男	19	18	20
医学院	江××	中收入	女	19	18	20
工学院	滕××	中收入	女	19	18	20
人文学院	王××	中收入	女	19	17	28
医学院	扬××	低收入	女	18	16	16
医学院	周××	中收入	女	19	18	15

1. 数据库的建立:按表 3.4 所示方式设立 7 个变量,分别为“单位”、“姓名”(可以不设)、“家庭收入”、“性别”、“年龄”、“躯体化”和“焦虑”。为了操作方便,最好将“单位”、“家庭收入”和“性别”分别定义为 Numeric(数字型变量),即对于“单位”变量,可用 1 代表“医学院”,用 2 代表“人文学院”,用 3 代表“工学院”,用 4 代表“理学院”,用 5 代表“农学院”;对于“家庭收入”变量,可用 1 代表“低收入”,用 2 代表“中收入”,用 3 代表“高收入”;对于“性别”变量,可用 1 代表“男”,用 2 代表“女”。具体操作可参阅本章“资料分组”中的“变量标记”的有关内容。

2. 单击主菜单 Analyze(分析)→Compare Means(比较均数)→Means(均数)命令,则弹出如图 3.11 所示的对话框,按右边三角按钮将“年龄”、“躯体化”和“焦虑”等变量置入 Dependent List(因变量)框内。

3. 将“单位”变量置入 Independent List (自变量)框内(此为第一层变量,Layer 1 of 1)。

4. 按框上方的 Next(下一步)按钮,再选中“性别”变量将其置入 Independent List 框内(此为第二层变量,Layer 2 of 2)。

5. 再按 Next 按钮，选中“家庭收入”变量将其置入 Independent List 框内(此为第三层变量，Layer 3 of 3)，如图 3.13 所示。

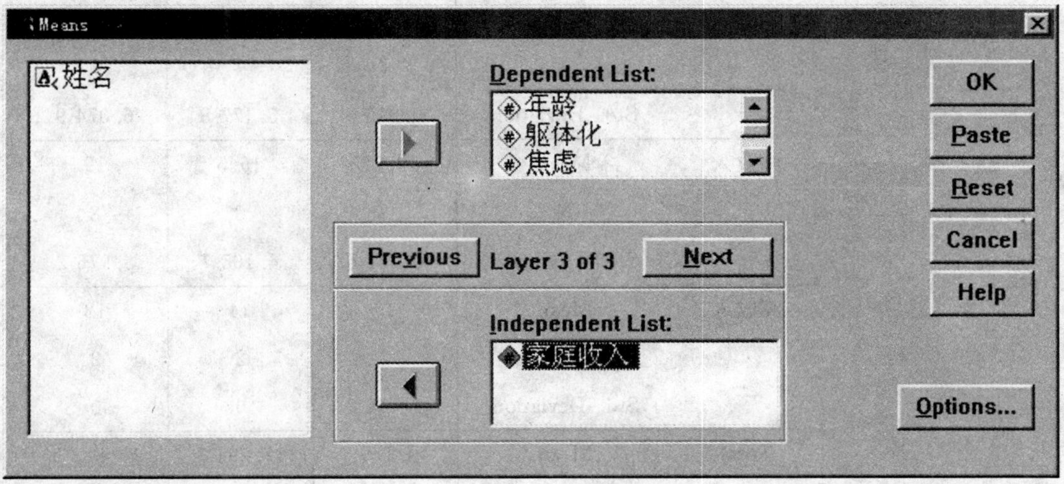

图 3.13　求多层分组资料的统计指标

6. 按“OK”按钮便会输出表 3.5 所示的结果。

表 3.5　不同单位、不同性别、不同家庭收入心理学统计指标

Report

单　位	性　别	家庭收入		年　龄	躯体化	焦　虑
医学院	男	低收入	Mean	19.2	13.6	12.4
			N	5	5	5
			Std. Deviation	0.447 2	1.341 6	1.673 3
		中收入	Mean	19.285 7	14.071 4	13.928 6
			N	14	14	14
			Std. Deviation	2.334 6	1.94	3.05
		高收入	Mean	19.75	14.625	12.5
			N	8	8	8
			Std. Deviation	1.669	3.42	1.851 6
		Total	Mean	19.407 4	14.148 1	13.222 2
			N	27	27	27
			Std. Deviation	1.886 4	2.332 1	2.562 1

续表 3.5

单 位	性 别	家庭收入		年 龄	躯体化	焦 虑
	女	低收入	Mean	19	19.142 9	15.714 3
			N	7	7	7
			Std. Deviation	0.816 5	5.177 8	6.074 9
		中收入	Mean	19.375	16.5	19
			N	8	8	8
			Std. Deviation	0.517 5	4.105 7	8.976 2
		高收入	Mean	19	14	12
			N	2	2	2
			Std. Deviation	1.414 2	0	0
		Total	Mean	19.176 5	17.294 1	16.823 5
			N	17	17	17
			Std. Deviation	0.727 6	4.538 2	7.409 8
	Total	低收入	Mean	19.083 3	16.833 3	14.333 3
			N	12	12	12
			Std. Deviation	0.668 6	4.839 9	4.905 2
		中收入	Mean	19.318 2	14.954 5	15.772 7
			N	22	22	22
			Std. Deviation	1.861 5	3.062 5	6.233
		高收入	Mean	19.6	14.5	12.4
			N	10	10	10
			Std. Deviation	1.577 6	3.027 7	1.646 5
		Total	Mean	19.318 2	15.363 6	14.613 6
			N	44	44	44
			Std. Deviation	1.536 7	3.654 2	5.248 3
人文学院	男	低收入	Mean	20	15	14
			N	1	1	1
			Std. Deviation	.	.	.
		中收入	Mean	19.166 7	13.5	13.5
			N	6	6	6
			Std. Deviation	0.983 2	1.516 6	2.664 6

续表 3.5

单位	性别	家庭收入		年龄	躯体化	焦虑
		高收入	Mean	21	12	17
			N	1	1	1
			Std. Deviation	.	.	.
		Total	Mean	19.5	13.5	14
			N	8	8	8
			Std. Deviation	1.069	1.511 9	2.563 5
	女	低收入	Mean	20.2	16.6	13.4
			N	5	5	5
			Std. Deviation	2.588 4	4.505 6	2.701 9
		中收入	Mean	18.25	15.75	15.5
			N	4	4	4
			Std. Deviation	0.957 4	2.753 8	8.426 1
		高收入	Mean	20.5	14	16
			N	2	2	2
			Std. Deviation	3.535 5	0	2.828 4
		Total	Mean	19.545 5	15.818 2	14.636 4
			N	11	11	11
			Std. Deviation	2.296 2	3.371	5.143 4
	Total	低收入	Mean	20.166 7	16.333 3	13.5
			N	6	6	6
			Std. Deviation	2.316 6	4.082 5	2.429
		中收入	Mean	18.8	14.4	14.3
			N	10	10	10
			Std. Deviation	1.032 8	2.270 6	5.355 2
		高收入	Mean	20.666 7	13.333 3	16.333 3
			N	3	3	3
			Std. Deviation	2.516 6	1.154 7	2.081 7
		Total	Mean	19.526 3	14.842 1	14.368 4
			N	19	19	19
			Std. Deviation	1.836 9	2.93	4.166 1

续表 3.5

单 位	性 别	家庭收入		年 龄	躯体化	焦 虑
工学院	男	低收入	Mean	20	17	21
			N	1	1	1
			Std. Deviation	.	.	.
		中收入	Mean	21.363 6	16	13.909 1
			N	11	11	11
			Std. Deviation	4.717 5	6.841 1	3.448 3
		高收入	Mean	19.5	18	18
			N	2	2	2
			Std. Deviation	0.707 1	2.828 4	5.656 9
		Total	Mean	21	16.357 1	15
			N	14	14	14
			Std. Deviation	4.206 2	6.096 7	4.095
	女	低收入	Mean	18.333 3	12.333 3	12.666 7
			N	3	3	3
			Std. Deviation	0.577 4	0.577 4	2.081 7
		中收入	Mean	18.333 3	16.5	16
			N	6	6	6
			Std. Deviation	1.211 1	5.282	4.732 9
		高收入	Mean	20	21	24
			N	1	1	1
			Std. Deviation	.	.	.
		Total	Mean	18.5	15.7	15.8
			N	10	10	10
			Std. Deviation	1.080 1	4.785 4	4.917 1
	Total	低收入	Mean	18.75	13.5	14.75
			N	4	4	4
			Std. Deviation	0.957 4	2.380 5	4.5
		中收入	Mean	20.294 1	16.176 5	14.647 1
			N	17	17	17
			Std. Deviation	4.073 8	6.166 8	3.936 1

续表 3.5

单位	性别	家庭收入		年龄	躯体化	焦虑
		高收入	Mean	19.666 7	19	20
			N	3	3	3
			Std. Deviation	0.577 4	2.645 8	5.291 5
		Total	Mean	19.958 3	16.083 3	15.333 3
			N	24	24	24
			Std. Deviation	3.470 1	5.484 5	4.370 5
理学院	男	低收入	Mean	'19.714 3	17	12.714 3
			N	7	7	7
			Std. Deviation	0.488	5.773 5	3.903 6
		中收入	Mean	19.214 3	15.785 7	14.571 4
			N	14	14	14
			Std. Deviation	1.121 7	6.166 6	3.081 3
		高收入	Mean	19.333 3	17.333 3	14.333 3
			N	3	3	3
			Std. Deviation	0.577 4	5.507 6	4.932 9
		Total	Mean	19.375	16.333 3	14
			N	24	24	24
			Std. Deviation	0.923 7	5.768 5	3.489 1
	女	低收入	Mean	18.5	15	15.75
			N	4	4	4
			Std. Deviation	1.291	2.160 2	3.685 6
		中收入	Mean	19.2	13.8	12.2
			N	5	5	5
			Std. Deviation	0.836 7	2.280 4	0.836 7
		高收入	Mean	19.8	14.8	14.6
			N	5	5	5
			Std. Deviation	0.836 7	3.701 4	5.727 1
		Total	Mean	19.214 3	14.5	14.071 4
			N	14	14	14
			Std. Deviation	1.050 9	2.681 8	3.970 4

续表 3.5

单 位	性 别	家庭收入		年 龄	躯体化	焦 虑
	Total	低收入	Mean	19.272 7	16.272 7	13.818 2
			N	11	11	11
			Std. Deviation	1.009	4.734 8	3.945 1
		中收入	Mean	19.210 5	15.263 2	13.947 4
			N	19	19	19
			Std. Deviation	1.031 7	5.424 7	2.857 2
		高收入	Mean	19.625	15.75	14.5
			N	8	8	8
			Std. Deviation	0.744	4.267 8	5.070 9
		Total	Mean	19.315 8	15.657 9	14.026 3
			N	38	38	38
			Std. Deviation	0.961 6	4.900 5	3.620 4
农学院	男	低收入	Mean	19.7	16.6	15.4
			N	10	10	10
			Std. Deviation	1.494 4	7.229 6	4.550 9
		中收入	Mean	19.214 3	15	14.714 3
			N	14	14	14
			Std. Deviation	1.121 7	2.480 7	4.250 4
		高收入	Mean	20.166 7	14	12
			N	6	6	6
			Std. Deviation	0.752 8	2.607 7	2.449 5
		Total	Mean	19.566 7	15.333 3	14.4
			N	30	30	30
			Std. Deviation	1.222 9	4.596 4	4.140 6
	女	低收入	Mean	19.333 3	14	18
			N	3	3	3
			Std. Deviation	0.577 4	2	2.645 8
		中收入	Mean	19	13.666 7	13.333 3
			N	9	9	9
			Std. Deviation	1.936 5	1.936 5	5.244

续表 3.5

单 位	性 别	家庭收入		年 龄	躯体化	焦 虑
		Total	Mean	19.083 3	13.75	14.5
			N	12	12	12
			Std. Deviation	1.676 5	1.864 7	5.072 2
	Total	低收入	Mean	19.615 4	16	16
			N	13	13	13
			Std. Deviation	1.325 3	6.416 1	4.242 6
		中收入	Mean	19.130 4	14.478 3	14.173 9
			N	23	23	23
			Std. Deviation	1.455 5	2.333	4.598 9
		高收入	Mean	20.166 7	14	12
			N	6	6	6
			Std. Deviation	0.752 8	2.607 7	2.449 5
		Total	Mean	19.428 6	14.881	14.428 6
			N	42	42	42
			Std. Deviation	1.364	4.049 7	4.362 5
Total	男	低收入	Mean	19.625	16.041 7	14.166 7
			N	24	24	24
			Std. Deviation	1.013 5	5.591	4.071 8
		中收入	Mean	19.627 1	15	14.220 3
			N	59	59	59
			Std. Deviation	2.531 9	4.448 9	3.332 5
		高收入	Mean	19.85	15.05	13.4
			N	20	20	20
			Std. Deviation	1.182 1	3.516 5	3.330 9
		Total	Mean	19.669 9	15.252 4	14.048 5
			N	103	103	103
			Std. Deviation	2.035 9	4.560 5	3.496 2
	女	低收入	Mean	19.136 4	16.181 8	15.090 9
			N	22	22	22
			Std. Deviation	1.489 5	4.316 5	4.230 4

续表 3.5

单位	性别	家庭收入		年龄	躯体化	焦虑
		中收入	Mean	18.906 3	15.187 5	15.343 8
			N	32	32	32
			Std. Deviation	1.279 1	3.532 7	6.493 7
		高收入	Mean	19.8	15.1	15.3
			N	10	10	10
			Std. Deviation	1.475 7	3.247 2	5.165 1
		Total	Mean	19.125	15.515 6	15.25
			N	64	64	64
			Std. Deviation	1.397 3	3.754 3	5.526 3
	Total	低收入	Mean	19.391 3	16.108 7	14.608 7
			N	46	46	46
			Std. Deviation	1.273 3	4.967 6	4.128 4
		中收入	Mean	19.373 6	15.065 9	14.615 4
			N	91	91	91
			Std. Deviation	2.194 2	4.130 7	4.687 5
		高收入	Mean	19.833 3	15.066 7	14.033 3
			N	30	30	30
			Std. Deviation	1.261 7	3.372 6	4.047
		Total	Mean	19.461 1	15.353 3	14.509
			N	167	167	167
			Std. Deviation	1.832 6	4.259 8	4.409 6

从输出结果看，SPSS 除可以求出所需要的各个层的统计指标外，还可求出各层间的汇总(Total)指标，供我们选择。

综合上述，不难发现 Dependent 中的变量始终按 Independent 中的变量而变化，换句话而言，**SPSS 会自动将相同代码的 Independent 变量所对应的 Dependent 变量进行归类，并按 Option 对话框中的命令求相应统计(汇总)指标。**

SPSS 规定 Independent 框中的变量可以是 Numeric(数字型变量)，也可以是 String(字符型变量)，但是，如果设定变量为字符型，其长度不得超过 8 个字符。所以为了操作方便，最好将变量类型设定为 Numeric(数字型变量)，请同学们认真体会一下。

三、求中位数和百分位数

均数只能描述正态性分布资料的集中趋势,而对于分布较偏态的资料,计算均数就会受到极大值或极小值的干扰,在用于表示资料的集中趋势时就会出现"失真"(关于如何表示资料的集中趋势,请参阅有关医学统计书)。请看下例。

例 3.4 某年某市调查了 200 例正常人血铅含量($\mu g/100g$)如下,试对该资料进行有关统计描述。

3	4	4	4	4	4	5	5	5	5	5	5	5	5	5	5	6	6	6	6
6	6	6	7	7	7	7	7	7	7	7	7	7	7	7	7	8	8	8	8
8	8	8	8	8	8	8	9	9	9	9	9	9	9	10	10	10	10	10	10
10	10	10	11	11	11	11	11	12	12	12	12	12	12	12	13	13	13	13	13
13	13	13	13	13	13	13	14	14	14	14	14	14	14	14	14	14	15	15	15
15	15	15	15	16	16	16	16	16	16	16	16	17	17	17	17	17	17	17	17
17	17	18	18	18	18	18	19	19	19	19	19	19	20	20	20	20	20	20	20
20	21	21	21	21	21	22	22	22	22	22	22	23	23	23	24	24	24	24	24
24	25	25	26	26	26	26	26	27	27	28	27	29	29	30	30	31	31	31	31
32	32	32	32	32	32	33	33	36	38	38	39	40	41	41	43	47	50	53	60

如果用 SPSS 绘直方图(频数分布图),就会发现该资料呈一偏态分布(图 3.14),显然用均数表示其集中趋势就不合适。一般情况下应用中位数(Median),又称为 50%分位数表示其集中趋势。最好的办法是通过函数转换,使资料呈正态分布,再计算均数。

对于偏态性资料除了要求中位数表示其集中趋势外,有时还需要求 4 分位数间距即 75%分位数与 25%分位数之间的差值来表示资料的变异程度;对于大样本的偏态性资料有时要求 95%的正常值范围,即 2.5%和 97.5%分位数各是多少?现就以上述 200 例正常人血铅含量资料为例加以说明。

1. 输入数据

在 Data Variable 工作表,用 Name 命令将该数值变量资料命名为"血铅含量";在 Data View 工作表,将 200 例血铅值输入变量名为"血铅含量"的单元格内,具体操作与 110 名男身高资料类似。

2. 操作

(1) 单击主菜单 Analyze(分析)→Descriptive Statistics(描述性统计)→Frequencies(频数)命令,则弹出如图 3.15 所示的对话框,在左边框中选中变量"血铅含量",按三角形按钮,将其置入 Variable(s)框内。如果在输出视窗中不想要频数表,可用鼠标点击 Display Frequency Tables(显示频数分布表),使"√"消失。按"Statistics...(统计)"按钮,则弹出如图 3.16 所示的对话框。

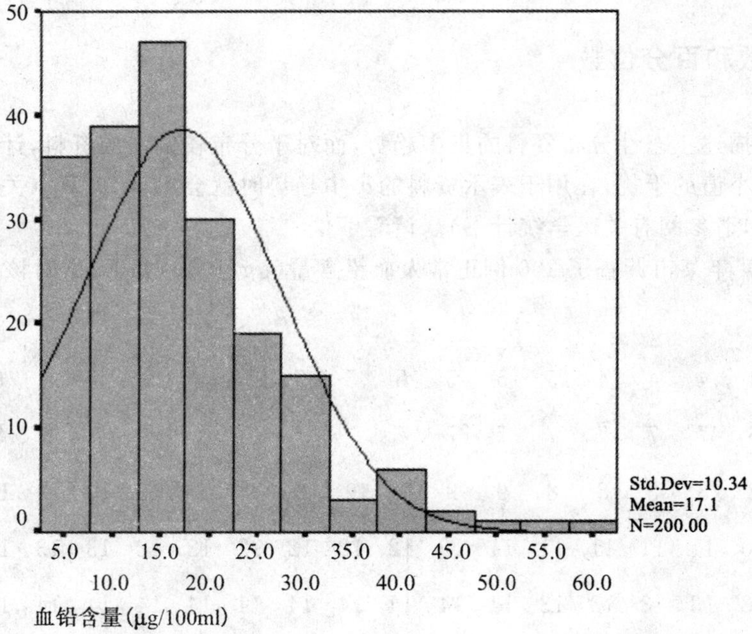

图 3.14　某市 200 例正常人血铅含量分布

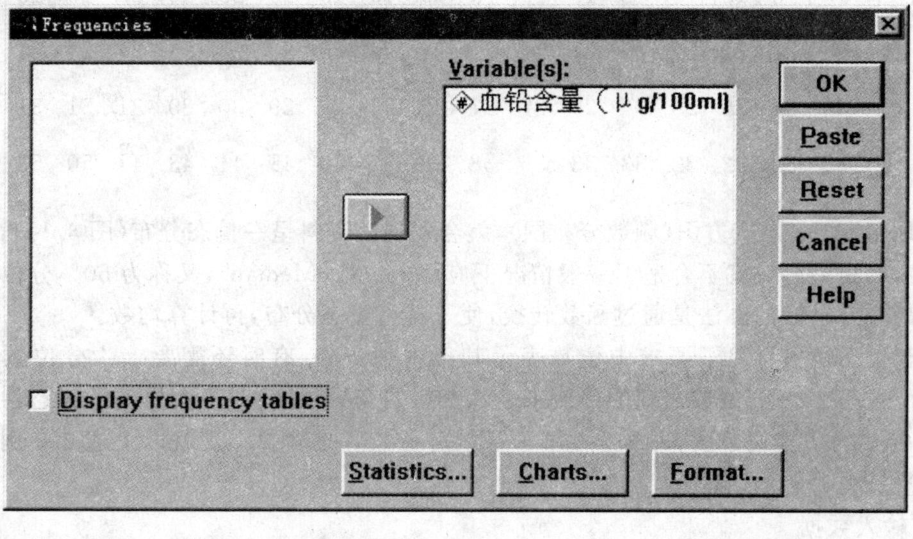

图 3.15　单击 Analyze→Descriptive Statistics→Frequencies 弹出的对话框

(2) 用鼠标选中 Median(中位数)及 Percentile(百分位数)。在 Percentile 框内依次输入要求的百分位数：97.5 和 2.5。每次输入时要按“Add(添加)”按钮，使其置入右边小框内。

(3) 按“Continue”按钮，再按图 3.15 中“OK”按钮，则输出如表 3.6 所示的结果。

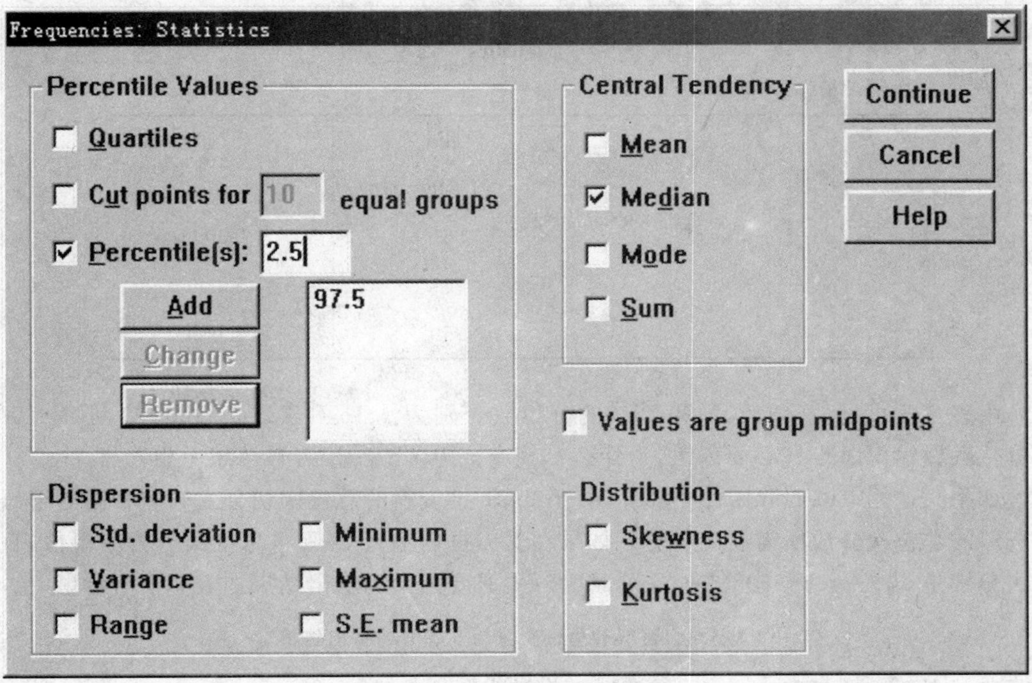

图 3.16　按"Statistics..."按钮弹出的对话框

表 3.6　血铅含量中位数和百分位数

Statistics

血铅含量(μg/100 ml)

N	Valid	200
	Missing	0
Median		15.000 0
Percentiles	2.5	4.000 0
	97.5	42.950 0

由表 3.6 可见,200 例正常人血铅含量(μg/100 ml)资料的中位数(Median)为 15 μg/100 ml;2.5%和 97.5%分位数(Percentile)分别为 4 和42.95 μg/100 ml,即 95%正常值范围的下限是4 μg/100 ml,上限是42.95 μg/100 ml。由于血铅值越低越好,不必考虑其下限值,应求其 95%分位数(上限值),所以请读者不要误会,可自行求之。可见 Percentiles(百分位数)命令可以求任意百分位数,只要将所要求百分位数输入到操作框内即可。

在此对话框中可方便地求 4 分位数间距。如果只选中 Quartiles(1/4 等分)命令,可将资料观察值的总位次分为 4 等分,其分别是 25%、50%、75%和 100%位次。如对例 3.4 操作,则会输出如表 3.7 所示的结果。

表 3.7　选中 Quartiles 命令的输出结果

Statistics

血铅含量(μg/100 ml)

N	Valid	200
	Missing	0
Percentiles	25	9.000 0
	50	15.000 0
	75	22.000 0

由表 3.7 可见，25%、50%和 75%的分位数分别为 9、15 和 22(μg/100ml)，但是 100%的分位数在输出时没有必要列出(为什么？其应该为多少？读者自己想一想)。

如果只选用 Cut points for □equal groups (将资料的总位次切分为……相同的组)，可将资料的总位次分成所需要的等分。如果在其方框内输入 5，则将总位次分为 5 等份，百分位次分别是 20%、40%、60%、80%和 100%(不必要列出)，输出结果如表 3.8 所示。

表 3.8　资料的总位次分为 5 等分的输出结果

Statistics

血铅含量(μg/100 ml)

N	Valid	200
	Missing	0
Percentiles	20	8.000 0
	40	13.000 0
	60	17.000 0
	80	24.000 0

由表 3.8 可见，20%、40%、60%和 80%的分位数分别为 8、13、17 和24(μg/100 ml)，100%的分位数应是多少，请读者自己想一想。

除了上述指标外，在 Frequencies 命令下，可计算多种指标。现就图 3.16 有关其他选项加以说明，供读者参考。

(1) Dispersion(离散性指标)：Std. Deviation (标准差)、Variance (方差)、Range (全距)、Minimum(最小值)、Maximum (最大值)及 S. E. mean (标准误)。

(2) Mode 是众数(参见有关统计书)。

(3) 如按“Charts...(图形)”按钮，则弹出如图 3.17 所示对话框，分别可绘制直条(Bar charts)、圆形图(Pie charts)和直方图(Histograms)。前两者用于计数(归类性变量)资料，后者用于计量(数值性变量)资料。在绘制直方图时，如选用 With normal curve(带正态分布曲线)，则会同时绘出具有一条呈正态分布曲线的直方图。

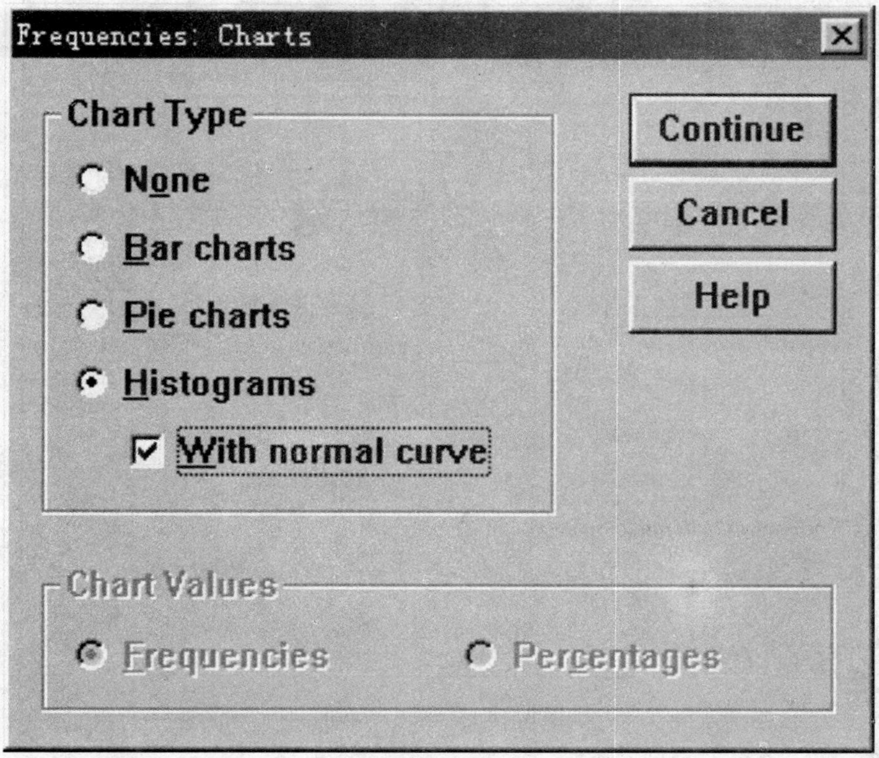

图 3.17 绘图选项对话框

四、求各组的例数、百分比(率)

在实际工作中,往往需要知道不同单位、不同分组(层)的、不同性质属性的实际例数和百分比(率),现以表 3.4 的心理研究结果数据库为例予以说明。如果研究者想知道本次调查的各单位(各学院)的、不同性别(男、女)、不同家庭收入的人数和所占百分比各是多少,可进行下述操作。

1. 单击 Analyze(分析)→Descriptive Statistics(描述性统计)→Crosstabs(行×列)命令,弹出如图 3.18 所示对话框。

2. 选中变量"性别",按右边三角按钮将"性别"变量置入 Row(s)框内。

3. 选中变量"家庭收入",将其置入 Column(s)框内。

4. 选中变量"单位",将其置入最下方的框内(此为第一层变量,Layer 1 of 1),如图 3.18 所示。

5. 按"Cells...(单元)"按钮,则弹出如图 3.19 所示对话框,选中 Percentage(百分比)框中 Row,意思是求每行(Row)的百分比(率)。如果要求每列的百分比,可将 Column(列)选中。

6. 按"Continue"按钮,再按图 3.18 中"OK"按钮,便输出表 3.9 所示的结果。

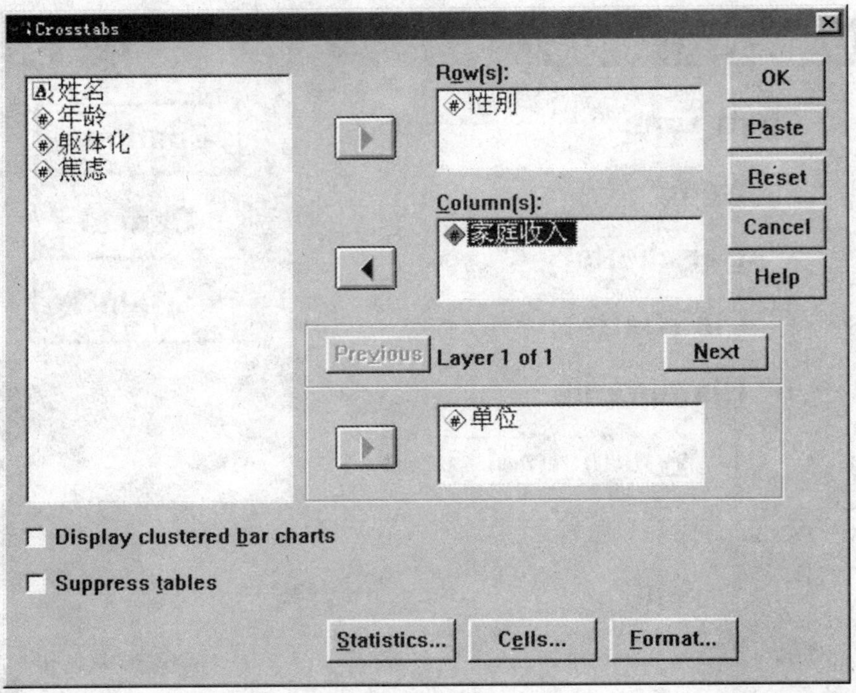

图 3.18　行×列对话框

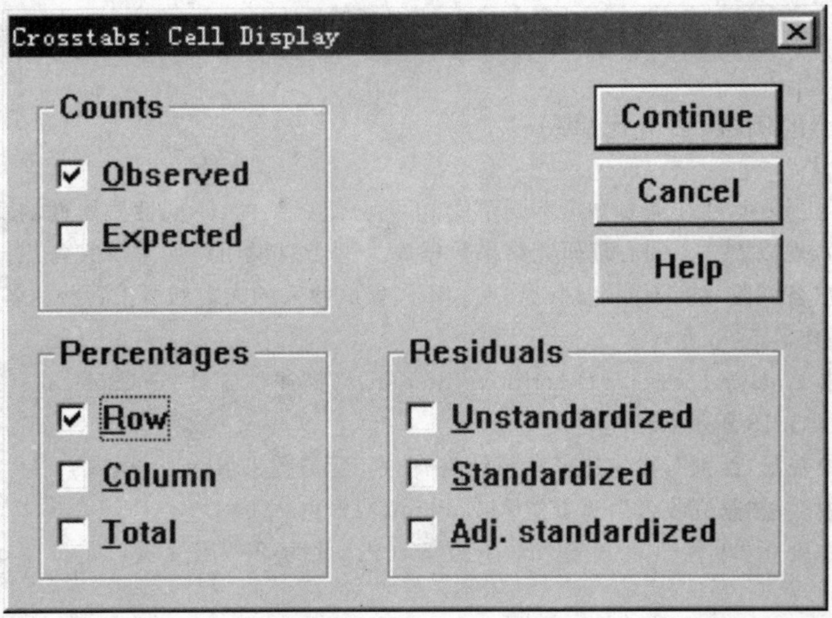

图 3.19　求各行各列百分率对话框

表 3.9　某大学不同单位、不同性别、不同家庭收入的人数和百分率

单位 * 性别 * 家庭收入 Crosstabulation

单　位				家庭收入			Total
				低收入	中收入	高收入	
医学院	性别	男	Count	5	14	8	27
			% within 性别	18.5%	51.9%	29.6%	100.0%
		女	Count	7	8	2	17
			% within 性别	41.2%	47.1%	11.8%	100.0%
	Total		Count	12	22	10	44
			% within 性别	27.3%	50.0%	22.7%	100.0%
人文学院	性别	男	Count	1	6	1	8
			% within 性别	12.5%	75.0%	12.5%	100.0%
		女	Count	5	4	2	11
			% within 性别	45.5%	36.4%	18.2%	100.0%
	Total		Count	6	10	3	19
			% within 性别	31.6%	52.6%	15.8%	100.0%
工学院	性别	男	Count	1	11	2	14
			% within 性别	7.1%	78.6%	14.3%	100.0%
		女	Count	3	6	1	10
			% within 性别	30.0%	60.0%	10.0%	100.0%
	Total		Count	4	17	3	24
			% within 性别	16.7%	70.8%	12.5%	100.0%
理学院	性别	男	Count	7	14	3	24
			% within 性别	29.2%	58.3%	12.5%	100.0%
		女	Count	4	5	5	14
			% within 性别	28.6%	35.7%	35.7%	100.0%
	Total		Count	11	19	8	38
			% within 性别	28.9%	50.0%	21.1%	100.0%
农学院	性别	男	Count	10	14	6	30
			% within 性别	33.3%	46.7%	20.0%	100.0%
		女	Count	3	9		12
			% within 性别	25.0%	75.0%		100.0%
	Total		Count	13	23	6	42
			% within 性别	31.0%	54.8%	14.3%	100.0%

由表 3.9 可见，医学院男大学生低收入家庭者有 5 人，占 18.5%，中收入家庭者有 14 人，占 51.9%，高收家庭入家庭者 8 人，占 29.6%；女大学生低收入者有 7 人，占 41.2%，中收入者有 8 人，占 47.1%，高收入者 2 人，占 11.8%……通过上述操作可方便地求出各单位不同层次之间的人(例)数。

如果研究者仅想知道本次调查的不同家庭收入的男女人数各是多少，也可用 Analyze →Descriptive statistics→ Crosstabs 命令来处理(详见 χ^2 检验)，不同的是不要在"Layer ____ of ____ (第____层)"框内置入变量"单位"即可。

五、计算几何均数

几何均数多用于表示呈对数正态分布的资料的集中趋势。例如，如果将 200 例正常人血铅含量值，一一取对数后输入计算机，用 SPSS 绘图会发现其分布呈正态分布(图 3.20)。

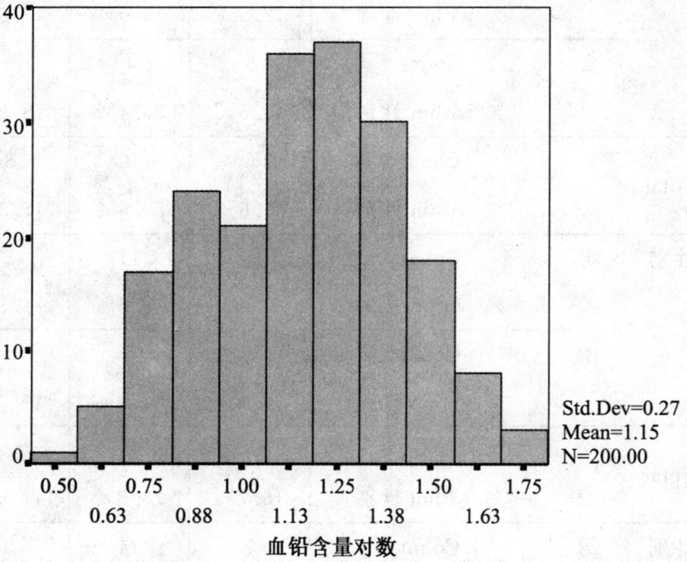

图 3.20　200 例血铅含量值的对数分布

像血铅含量这样的资料称为对数正态分布的资料。类似的资料有：抗体滴度、血清效价、细菌计数等，这种资料多呈等比资料。现用以下面资料为例说明其道理。

例 3.5　5 人的血清抗体滴度为 1∶2，1∶4，1∶8，1∶16，1∶32，求其平均滴度。

此资料数据间呈倍数关系，如果直接相加求均数说明其集中趋势，必然会受到极大值或极小值有影响，显然不合适。但是，可将其看成：$(1/2)^1$，$(1/2)^2$，$(1/2)^3$，$(1/2)^4$，$(1/2)^5$，底数为一常数，指数为变量。求平均数应对其变量求平均，因为常数的平均值永远是常数。

所以如用 G 表示其平均值，则公式可写成：

$$G=\left(\frac{1}{2}\right)^{\frac{1+2+3+4+5}{5}}=\sqrt[5]{\left(\frac{1}{2}\right)^{(1+2+3+4+5)}}$$

$$=\sqrt[5]{\frac{1}{2}\times\left(\frac{1}{2}\right)^{2}\times\left(\frac{1}{2}\right)^{3}\times\left(\frac{1}{2}\right)^{4}\times\left(\frac{1}{2}\right)^{5}}$$

$$=\frac{1}{\sqrt[5]{2^1\times2^2\times2^3\times2^4\times2^5}}=\frac{1}{\sqrt[5]{2\times4\times8\times16\times32}}$$

由公式可见，只要求出分母部分，将其结果写成多少分之一就行了，因此

$$G=\sqrt[5]{2\times4\times8\times16\times32}$$

方程两边取对数，得

$$\lg G=\frac{\lg2+\lg4+\lg8+\lg16+\lg32}{5}=0.903$$

取反对数，$G=\lg^{-1}0.903=8$，此5人的血清平均抗体滴度为1/8（注意$\lg^{-1}$为反对数符号）。

由上可见，在求几何均数时，只要将每个观察数据取对数后求其均数，再求其均数的反对数便是几何均数。

现就如何在计算机中用SPSS软件求几何均数作一介绍。

（一）取以10为底的对数（lgX）的计算方法

例3.6 求上述200例正常人血铅含量值的平均数（取以10为底的对数计算几何均数）。

1. 数据输入

同上。

2. 对变量取对数

（1）单击主菜单Transform（转换）→Compute（计算）命令，则弹出对话框，再在Target Variable栏，键入任意变量名如lgpb；按动Functions（函数）框边滚动条，选中以10为底的函数命令：LG10（numexpr），按框上三角按钮，将LG10置入Numeric Expression（算术表达）框内；再选中变量“血铅含量”，按右边三角按钮将其置入Numeric Expression框内，则形成“LG10（血铅含量）”，如图3.21所示。

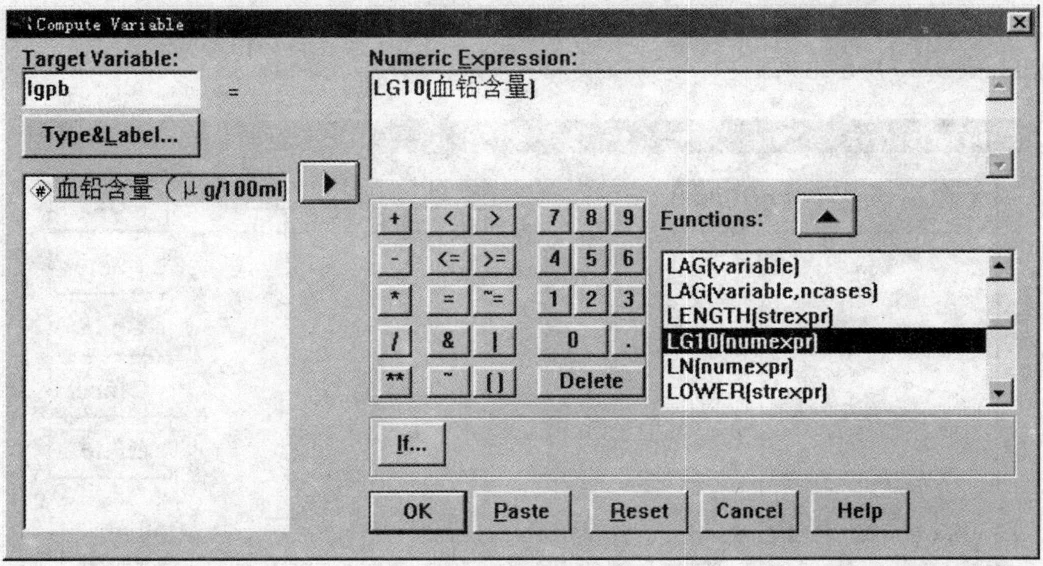

图3.21 对变量“血铅含量”取对数

(2) 单击“Type & Label...(类型与标记)”按钮，弹出如图 3.22 所示对话框。在 Label 栏可标记“血铅含量对数”。当进入 Data View(变量查看)工作表后，如果将鼠标指针指向变量“lgpb”，便会显示出所注明的内容：“血铅含量对数”，如前所述，其目的是为了防止随着时间的流逝忘记变量“lgpb”所代表的内容；如果选用 Use expression as labels(用表达式作为标记)，则便会显示出所标记的内容为：“COMPUTE lgpb= LG10(血铅含量) (COMPUTE)”，其意思是：变量“lgpb”是经 lgpb= LG10(血铅含量)表达式转换得出的。

图 3.22 对变量“lgpb”进行标记

(3) 单击“Continue”按钮，再按图 3.21 中“OK”按钮，则会在变量名为“血铅含量”的右边产生一个经过对数转换后的新的变量名为“lgpb”。

3. 求几何均数

(1) 单击 Analyze(分析)→Descriptive Statistics(描述性统计)→Descriptive(描述)，弹出如图 3.23 所示对话框，将变量“血铅含量”置入 Variable[s](变量)框内，按“OK”按钮，则输出如表 3.10 所示结果。

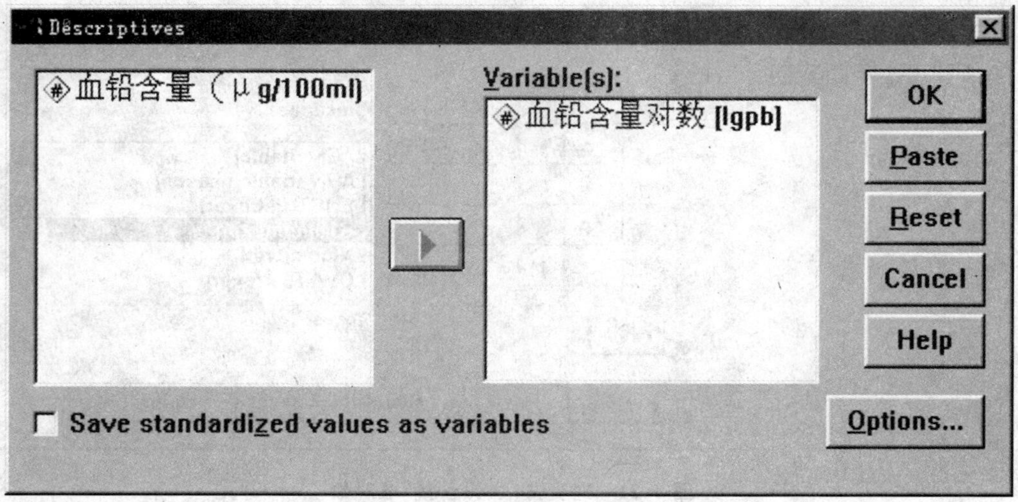

图 3.23 求变量“lgpb”的统计指标

表 3.10　血铅含量对数的统计指标

Descriptive Statistics

	N	Minimum	Maximum	Mean	Std. Deviation
血铅含量对数	200	0.48	1.78	1.154 2	0.267 7
Valid N (listwise)	200				

表 3.10 中为 Descriptive(描述)命令所默认的输出的结果,有样本的例数(N)、最小值(Minimum)、最大值(Maximum)以及常用的两项指标:Mean(均数)和 Std. Deviation(标准差)。

(2) 取反对数。表 3.10 中 1.154 2 是每个观察数据经过取对数后所求得均数,必须经过反对数转换才能得几何均数。用 SPSS 求反对数较麻烦,最好的办法是单击 Windows 操作系统的"开始"菜单→程序→附件→计算器,弹出一科学型计算器(如果不是科学型计算器,可点击"查看"菜单下的"科学型"),将 1.154 2 输入计算器,先用鼠标选中"Inv"复选框(图 3.24),再用鼠标点击 log 按钮,得 14.26,便是几何均数。所以此 200 正常人的血铅含量值的平均水平为 14.26(μg/100 ml)。亦可用一般日常所用计算器中的反对数键求 1.154 2的反对数,得出几何均数。

图 3.24　对表 3.10 中的均数求反对数

如果要求 95%的正常值范围(单侧),可用公式:$\overline{X}$+1.642 S (均数+1.642×标准差)=1.154 2+1.642×0.267 7=1.593 763 4,求反对数得 39.24(μg/100 ml)。

（二）取以 2 为底的对数($\log_2 X$)的计算方法

在某些学科要求对呈对数正态分布的资料(等比资料)取以 2 为底的对数，即其平均水平要求表示为 $\log_2 2$ 倍数。请看下例。

例 3.7 某研究生从某养鸡厂随机抽取同日龄鸡 40 只，测得其血清中某病毒的抗体滴度(1/X)如下，想求平均抗体滴度(单位用 $\log_2 2$ 倍数表示)。

10　10　10　100　100　100　1 000　1 000

1 000　10 000　10 000　100 000　1 000 000　10　10　10

100　100　100　1 000　1 000　1 000　10 000　10 000

100 000　1 000 000　10　10　10　100　100　100

1 000　1 000　1 000　10 000　10 000　100 000　100 000　1 000 000

从该例可以看出，该研究生想对抗体滴度资料取以 2 为底的对数，求其平均数，用 $\log_2 2$ 为单位表示集中趋势。但是，一般计算机(器)只提供以 10 为底及以 e 为底的自然对数，所以必须对其进行有关数学变换。

设该资料任意值为 X，取以 2 为底的对数为 A，则

$$A = \log_2 X$$

即

$$2^A = X$$

取以 10 为底的对数，得

$$A \times \log_{10} 2 = \log_{10} X$$

可写成

$$A \lg 2 = \lg X$$

$$A = \frac{\lg X}{\lg 2}$$

这就是数学上所说的换底公式，通过换底转换可对数据取以 2(或任意数)为底的对数。现就如何用 SPSS 对该资料求以 2 为底的对数的均数作一介绍。

1. 输入数据

在 Variable View (变量查看)工作表用 Name(命名)命令将变量命名为“抗体滴度”；用 Label(标记)命令将其标记为“血清抗体滴度”。点击 Data View(数据查看)进入数据查看工作表，将该 40 个抗体滴度数据输入到变量名为“抗体滴度”各个单元格内(具体操作见本章节的“资料的分组”部分)。

2. 操作

(1) 单击主菜单 Transform(转换)→Compute(计算)命令，则弹出对话框，再在 Target Variable 栏，键入任意变量名如“logt2”；按动 Functions(函数)列表框边的滚动条，选中以 10 为底的函数命令：LG10(numexpr)，将其置入 Numeric Expression(算术表达)框内，再选中变量“抗体滴度”，按右边三角按钮将其置入 Numeric Expression 框内，则形成“LG10(抗体滴度)”，在其后键入除号符/；再将函数命令 LG10(numexpr)置入 Numeric Express(算术

表达)框中,取以 10 为底 2 的对数,从而形成“logt2＝LG10(抗体滴度)/LG10(2)”这样的表达式(赋值语句),如图 3.25 所示。

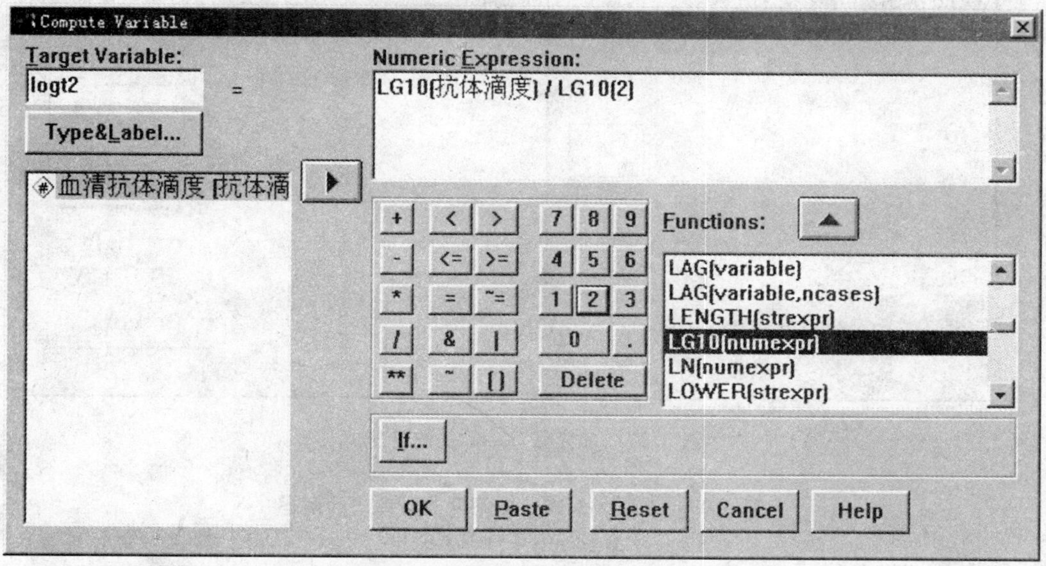

图 3.25　对变量“抗体滴度”取以 2 为底的对数

(2) 单击“Type&Label...(类型与标记)”按钮,弹出如图 3.26 所示对话框。在 Label 栏可标记“滴度对数(log2)”,以表示“logt2”变量中的数据是取以 2 为底的对数产生的。关于如何显示 Label 栏所标记的内容以及其有关目的等,请参阅以 10 为底的对数部分。

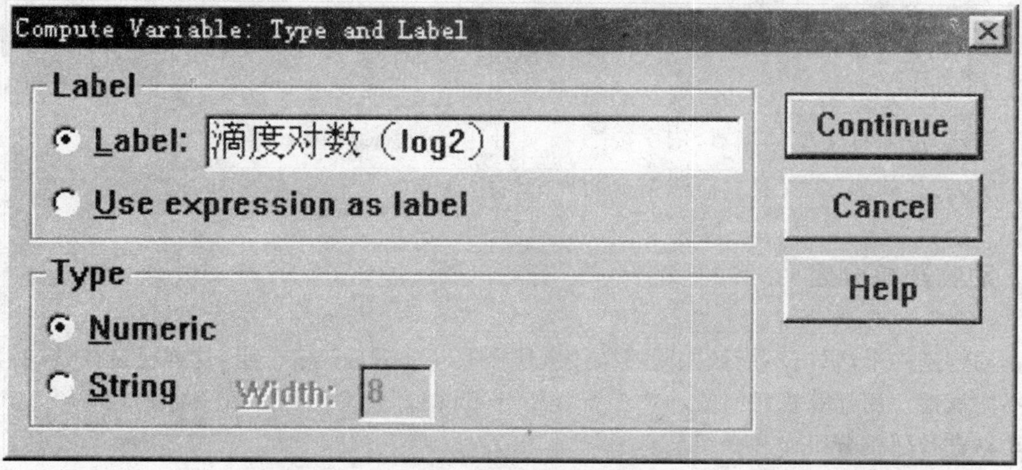

图 3.26　对变量“logt2”进行标记

(3) 再按图 3.25 中“OK”按钮,则会在变量名为“抗体滴度”的右边产生一个经过以 2 为底的对数转换后的新的变量名为“logt2”。

3. 求均数

单击 Analyze(分析)→Descriptive Statistics(描述性统计)→Descriptive(描述),弹出如图 3.27 所示对话框,将取了对数的变量“logt2”置入 Variable(s)(变量)框内,按“OK”按钮,则输出如表 3.11 所示结果。

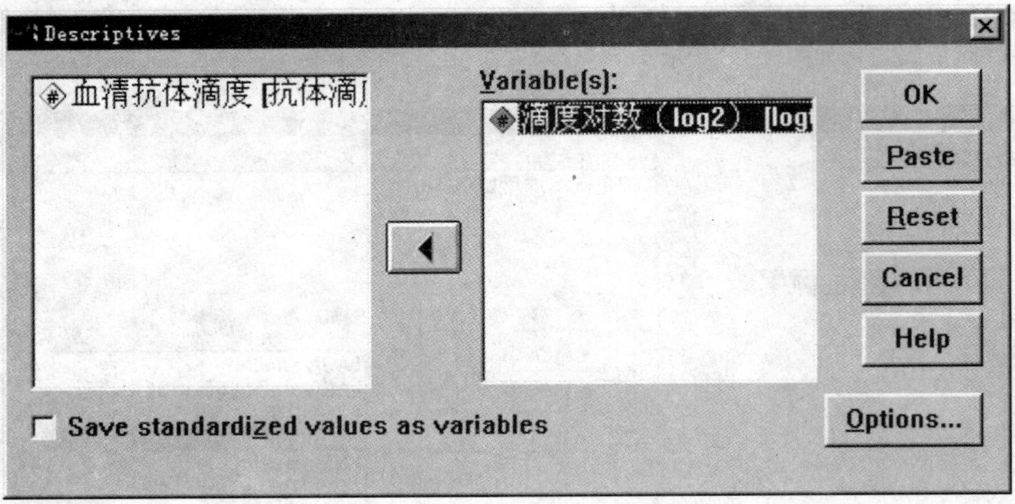

图 3.27 求变量"logt2"的统计指标

表 3.11 以 2 为底的抗体滴度的对数统计指标

Descriptive Statistics

	N	Minimum	Maximum	Mean	Std. Deviation
滴度对数(log2)	40	3.32	19.93	9.633 6	5.146 3
Valid N (listwise)	40				

表 3.11 中 9.633 6(Mean)是每个观察数据经过取以 2 为底的对数后所求得均数，可写成 9.633 6 $\log_2 2$，约为 10 $\log_2 2$。求反对数应为：$2^{10}=1\ 024$(单击"开始"菜单→程序→附件→计算器，进入科学型计算器，依次按[2] [x^y] [10] [=]键求出)。

所以，某养鸡厂 40 只鸡血清中某病毒的抗体滴度为 1/10 $\log_2 2$，即 1/1 024。

六、动物随机分组

动物是一个活体，不能像抓阄那样任意地抓取动物进行随意分组，这样会造成处理组间的不均衡性。用计算机对实验动物进行随机分组，即方便又迅速。现就如何用 SPSS 软件对动物进行随机分组作一介绍。

例 3.8 有 30 只雄性实验动物要随机分为 5 个组，每组 6 只，用 SPSS 如何分组？

1. 在 SPSS 数据工作表建立两个变量名：体重和编号。将 30 只动物分别称重、编号后，输入到各自变量的单元格内。

2. 单击 Data→Select Cases，弹出如图 3.28 所示对话框，选中 Random sample of cases，再按"Sample..."按钮，在弹出的对话框(图 3.29)中，选中"Exactly [ ] cases from the first [ ] cases"；在"Exactly"后的小方框内输入[6]，在"from the first"后的小方框内输入[30](意思为从 30 例观察值中随机选取 6 例)；按"Continue"按钮，再按下一层对话框中

“OK”按钮,便会在 SPSS 工作表中产生一个变量名为“filter_$”。可以发现凡是被选中的动物号码,其相应的“filter_$”变量单元格中的数为 1,未被选中的为 0。

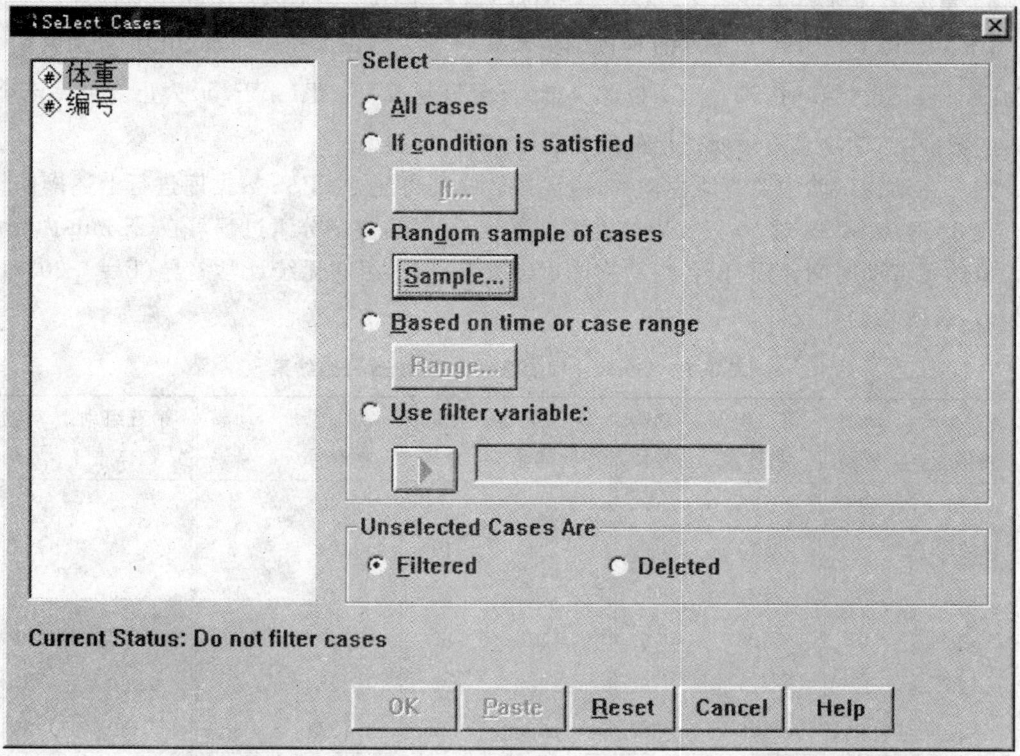

图 3.28　单击 Data→Select Cases 弹出的对话框

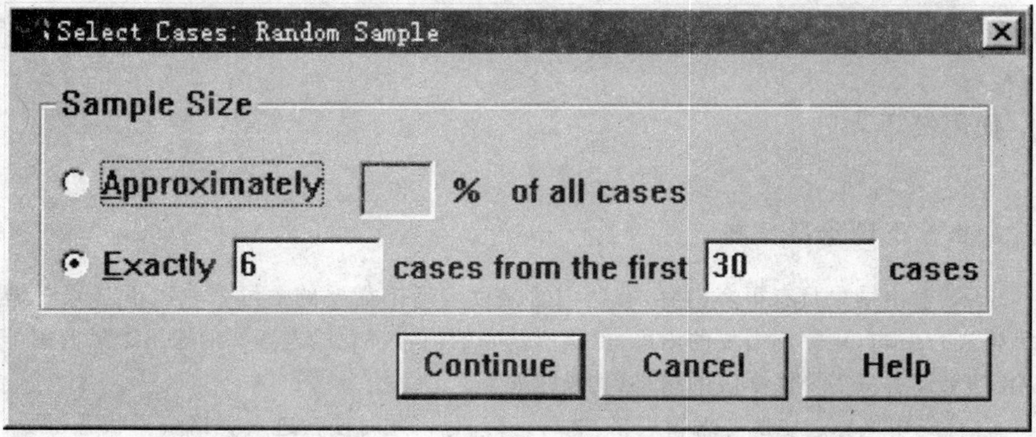

图 3.29　“Sample...”按钮弹出的对话框

3. 单击 Data→Sort Cases 命令,在弹出对话框中,按动三角型按钮,将变量“filter_$”置入到 Sort by 框内(如果该框内有其他变量,可先按 Reset 按钮将其清零),单击“OK”按钮,此时所选动物号码及体重便排列于 SPSS 工作表的最下方。

4. 用鼠标选中位于 SPSS 数据工作表下方的动物号码及体重(相应的“filter_$”变量为

1)，单击鼠标右键，选中 Cut 命令，用剪贴板的功能将所选动物的号码及体重粘贴到Excel工作表中。可将此次选中的 6 只动物归入第 1 组。

5. 重复上述 2 到 4 步操作，每次操作时应将"Exactly [ ] cases from the first [ ] cases"中的"from the first"后的小方框内的数改变一下。如在选择第二批(组)6 只动物时，可改为[24]；第三批(组)时，改为[18]，以此类推，直至只剩最后一组(第五组)为止。可见该小方框内的数应为：动物总数－所选出的动物总数。

如果在动物试验中要有雌性动物，也可按此原则再建立 SPSS 数据库进行上述操作。

表 3.12 为 SPSS 对 30 只 4 周龄雄性大鼠分组结果，整个分组过程可在 15 min 内完成，大大节约了劳动时间。而且，各组动物体重经方差分析，组间无统计学差异(F＝1.603，P＝0.205)，说明均衡性较好。

表 3.12　30 只 4 周龄雄性大鼠 SPSS 分组结果

第一组动物体重	动物号码	第二组动物体重	动物号码	第三组动物体重	动物号码	第四组动物体重	动物号码	第五组动物体重	动物号码
118	1	118	2	122	7	120	4	123	11
121	5	119	3	124	14	122	8	123	13
122	9	121	6	127	22	127	19	125	15
123	10	126	16	127	23	127	21	127	17
123	12	127	18	128	25	128	24	129	27
127	20	128	26	130	28	137	30	132	29
122.33±2.94*		123.17±4.36*		126.33±2.88*		126.83±5.92*		126.50±3.57*	

*：$\overline{X}\pm S$

七、使用技巧

输出结果的编辑技巧

SPSS 输出结果具有很多内容，有些内容是读者所不需要的。可采取以下步骤对输出的表格进行编辑，剔除不需要的内容，保留所需要的内容。现以表 3.9 的输出结果为例予以说明：如果读者只需要医学院的结果，其操作如下。

1. 首先用鼠标选中所要编辑表格，然后进行双击，此时便会进入表格编辑状态，显示出格式工具栏(Formatting Toolbar1)。

2. 用鼠标单击人文学院"低收入家庭"栏最左上方单元格(数值为 1 处)，按住键盘 Shift 键，用鼠标单击农学院"高收入家庭"栏最右下方单元格(数值为 100％处)，将所要剔除数据区选中(表 3.13)。

3. 将鼠标移向选择区，单击鼠标右键弹出对话框，选中 Clear 命令，便会自动将所选中区域删除，得到所要的结果(表 3.14)。

表 3.13　在输出结果中删除不需要的部分

单位 * 性别 * 家庭收入 Crosstabulation

单　位				家庭收入			Total
				低收入	中收入	高收入	
医学院	性别	男	Count	5	14	8	27
			% within 性别	18.5%	51.9%	29.6%	100.0%
		女	Count	7	8	2	17
			% within 性别	41.2%	47.1%	11.8%	100.0%
	Total		Count	12	22	10	44
			% within 性别	27.3%	50.0%	22.7%	100.0%
人文学院	性别	男	Count	1	6	1	8
			% within 性别	12.5%	75.0%	12.5%	100.0%
		女	Count	5	4	2	11
			% within 性别	45.5%	36.4%	18.2%	100.0%
	Total		Count	6	10	3	19
			% within 性别	31.6%	52.6%	15.8%	100.0%
工学院	性别	男	Count	1	11	2	14
			% within 性别	7.1%	78.6%	14.3%	100.0%
		女	Count	3	6	1	10
			% within 性别	30.0%	60.0%	10.0%	100.0%
	Total		Count	4	17	3	24
			% within 性别	16.7%	70.8%	12.5%	100.0%
理学院	性别	男	Count	7	14	3	24
			% within 性别	29.2%	58.3%	12.5%	100.0%
		女	Count	4	5	5	14
			% within 性别	28.6%	35.7%	35.7%	100.0%
	Total		Count	11	19	8	38
			% within 性别	28.9%	50.0%	21.1%	100.0%
农学院	性别	男	Count	10	14	6	30
			% within 性别	33.3%	46.7%	20.0%	100.0%
		女	Count	3	9		12
			% within 性别	25.0%	75.0%		100.0%
	Total		Count	13	23	6	42
			% within 性别	31.0%	54.8%	14.3%	100.0%

表 3.14 经编辑后得到的结果

单位 * 性别 * 家庭收入 Crosstabulation

单 位				家庭收入			Total
				低收入	中收入	高收入	
医学院	性别	男	Count	5	14	8	27
			% within 性别	18.5%	51.9%	29.6%	100.0%
		女	Count	7	8	2	17
			% within 性别	41.2%	47.1%	11.8%	100.0%
	Total		Count	12	22	10	44
			% within 性别	27.3%	50.0%	22.7%	100.0%

第四章 t 检验

一、样本均数与总体均数的比较

例 4.1 已知全国男大学生的平均身高为 166.0 cm,某市调查了 110 名男大学生身高,资料见例 3.1,问该市的学生身高与全国的学生身高相比有无明显不同。

1. 数据库的建立

资料的输入方式请参阅第三章例 3.1。

2. 单击主菜单 Analyze(分析)→Compare Mean(比较均数)→One-Sample Test(单样本检验),则弹出一对话框,选中“身高”变量,按三角按钮,将其置入 Test Variable(s)(检验变量)框内,在底部 Test Value 框内,输入总体均数 166.0(图 4.1)。

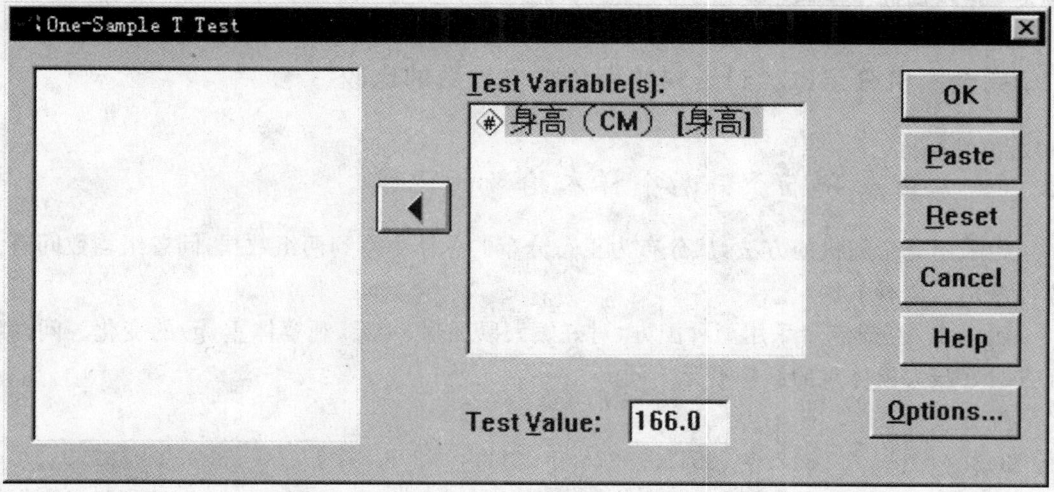

图 4.1 样本均数与总体均数比较的对话框

3. 按“OK”按钮则输出表 4.1 和表 4.2。

表 4.1 110 名男大学生身高统计指标

One-Sample Statistics

	N	Mean	Std. Deviation	Std. Error Mean
身高(cm)	110	172.695 5	4.141 7	.394 9

表 4.2 110 名男大学生身高均数(172.695 5)与总体均数(166.0)的比较

One-Sample Test

	Test Value = 166.0					
	t	df	Sig. (2-tailed)	Mean Difference	95% Confidence Interval of the Difference	
					Lower	Upper
身高(cm)	16.955	109	.000	6.695 5	5.912 8	7.478 1

现对表 4.2 中英文作一简要的解释：Sig(2-tailed)栏为双侧的概率值，即为 P 值，相当于从 t 值表中所查到的双侧概率；Mean Difference 为样本均数与总体均数的差；95% Confidence Interval of the Difference 为 110 名男大学生身高均数(样本均数)与总体均数之差的 95%的可信区间。

由上可知，本次所计算的概率(P 值)近似为 0，小于显著性水平 $\alpha=0.05$，可以认为本市男大学生身高高于全国平均水平。

二、完全随机分组(成组)资料的两个样本均数的比较

(一) 正态分布资料两个样本均数的比较

指采用完全随机的方法，从分布为正态分布的总体中得到两组数据，问各组均数间有无统计差别。请看下例。

例 4.2 某研究者采用两种配方，对妊娠大鼠观察 14 天，观察体重(g)的变化。问两组配方对妊娠大鼠体重的影响有无不同。

配方Ⅰ：

343.0　385.0　312.0　351.0　376.0　372.0　376.0　370.0　333.0　352.0
381.0　394.0　379.0　348.0　343.0　334.0　356.0　378.0　352.0　368.0

配方Ⅱ：

330.0　353.0　362.0　353.0　314.0　330.0　318.0　325.0　330.0　328.0
372.0　348.0　331.0　368.0　338.0　355.0　372.0　315.0　327.0

操作如下：

1. 数据库的建立

(1) 打开 SPSS 工作表，进入变量查看(Variable View)工作表，分别命名(Name)两变量："group"和"bd"，在各自的 Label 栏分别输入"Group"和"Body weight in 14th day"，图 4.2所示。

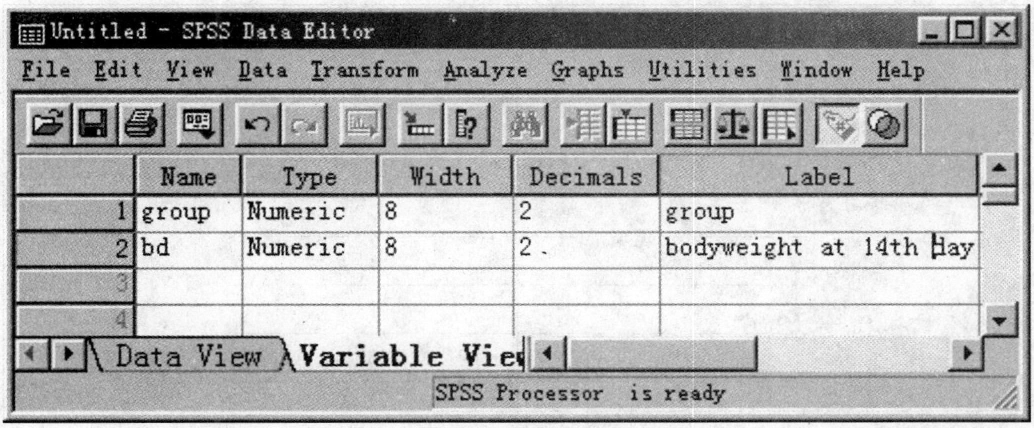

图 4.2　例 4.2 资料的命名方法

(2) 用鼠标点击变量“group”的 Values 栏，使其产生如图 4.3 所示对话框，在上方标记框(Value)内键入 1，下方框内输入要标记的内容：“配方Ⅰ”，按动“Add(添加)”按钮，将标记内容置于右边大方框内；以同样的方式对“配方Ⅱ”进行标记，然后按“OK”按钮。

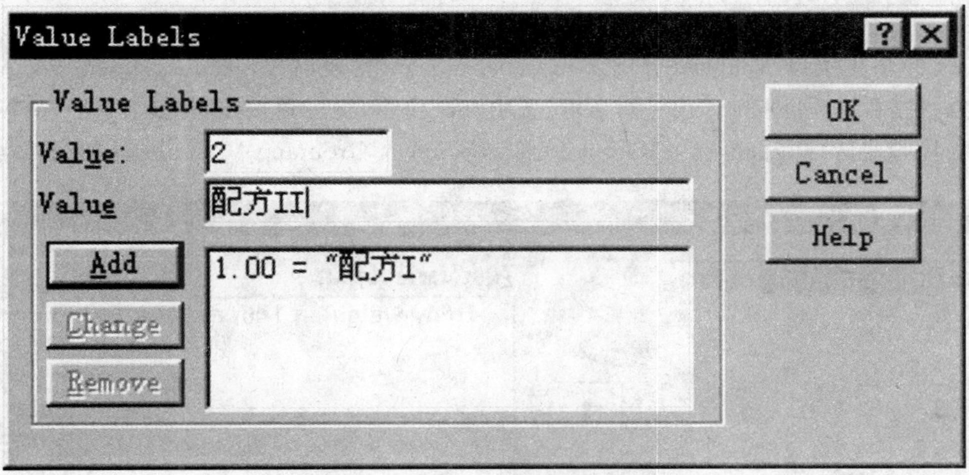

图 4.3　对变量“Group”中的代码进行标记

(3) 用鼠标点击工作表下方的 Data View(数据查看)进入数据输入工作表，按表 4.3 所示方式输入数据，原理查看第一章有关部分。

表 4.3　成组资料 t 检验的输入方式

group	bd
1	343
1	385
1	312
⋮	⋮
⋮	⋮
1	368
2	330
2	353
⋮	⋮
⋮	⋮
2	327

2. 统计分析

(1) 单击主菜单 Analyze(分析)→Compare mean(比较均数)→Independent-samples T test(独立样本 t 检验),则弹出一对话框,选中"bd"变量,按三角按钮,使其置入 Test Variable(s)(检验变量)框内;再选中"Group"变量,将其置入 Grouping Variable 框内(图 4.4)。

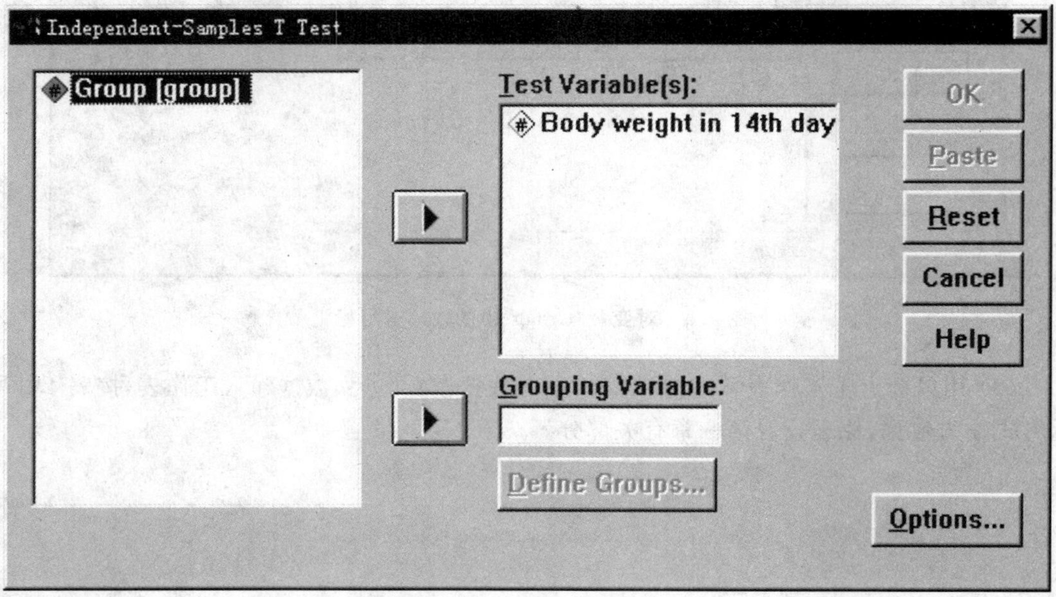

图 4.4　完全随机分组资料的 t 检验对话框

(2) 单击"Define Groups..."按钮,则弹出对话框,分别在 Group 1 和 Group 2 框内输入所要比较组的代码:1 和 2,如图 4.5 所示。按"Continue"按钮,再按图 4.4 中"OK"按钮,则输出如表 4.4 和表 4.5 所示结果。

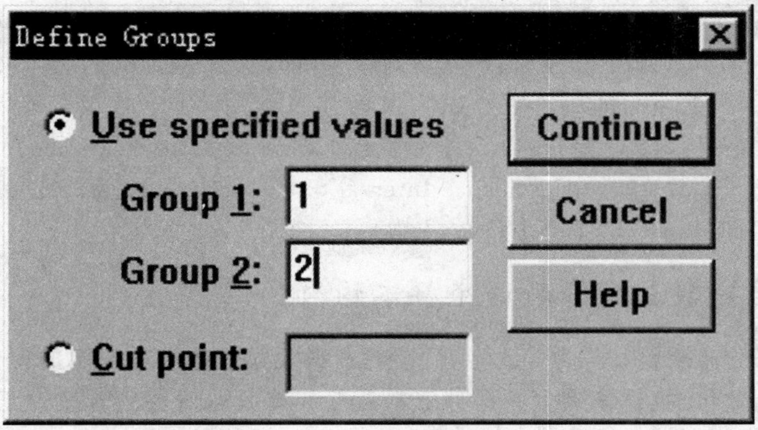

图 4.5　配方Ⅰ组与配方Ⅱ组比较

表 4.4　两组配方对妊娠大鼠体重影响的统计指标

Group Statistics

	Group	N	Mean	Std. Deviation	Std. ErrorMean
Body weight in 14th day gestation	配方Ⅰ	20	360.15	21.004 4	4.696 7
	配方Ⅱ	19	340.473 7	19.216 2	4.408 5

表 4.5　两组配方对妊娠大鼠体重影响的 t 检验结果

Independent-Samples T Test

		Levene's Test for Equality of Variances		t-test for Equality of Means						
									95% Confidence Interval of the Difference	
		F	Sig.	t	df	Sig. (2-tailed)	Mean Difference	Std. Error Difference	Lower	Upper
Body weight in 14th day gestation	Equal variances assumed	0.104	0.748	3.047	37	0.004	19.676 3	6.456 7	6.593 9	32.758 8
	Equal variances not assumed			3.055	36.951	0.004	19.676 3	6.441 6	6.623 8	32.728 8

表 4.4 为完全随机分组的资料即成组资料(Group)样本的描述性统计(Statistics)，有两组的样本均数(Mean)、样本例数(N)、标准差(Std. Deviation)和标准误(Std. Error)。

表 4.5 为独立样本 t 检验(Independent-Samples T Test)的结果。Equal variances assumed 意思是方差相同假设。由于 t 检验要求方差齐性(即两组方差不能相差太大)，否则得选用 t'检验(Student 检验)，所以 SPSS 在进行 t 检验同时，又进行了方差齐性检验(F 检验)。由统计结果可见，方差齐性检验(F 检验)结果为：F＝0.104，Sig.(显著性)＝0.748，即

P 值为 0.748，P 值大于 0.05，说明方差齐，这时应看 Equal variances assumed(方差假设齐)的结果：t=3.047，df(自由度)=37，P=0.004(2-tailed，双侧)，按 $\alpha=0.05$ 的水准，拒绝检验假设，可以认为配方Ⅰ、配方Ⅱ对妊娠大鼠的体重作用不同，配方Ⅰ效果较好。Mean Difference 为两变量均数之差，相当于 $\overline{X}_1-\overline{X}_2$；Std. Error Difference 为两变量均数之差的标准误，相当于 $S_{\overline{X}_1-\overline{X}_2}$；95% Confidence Interval of the Difference 为两变量均数之差均数的 95%可信区间(Lower，下限—Upper，上限)。

(二) 呈对数分布资料两个样本均数的比较

对数正态分布资料又称为等比资料，即各资料观察值间存在一定的比例关系。常见的资料有血清效价、抗体滴度等。这种资料往往应将其取对数后转换为正态分布，又称为对数正态分布资料。由于变异较大，这种资料不能直接选用 t 检验，必须经过对数转换。请看下例。

例 4.3 将 20 名钩端螺旋体病人的血清随机分为两组，分别用标准株或水生株作凝溶试验，测得滴度如下，问两组平均效价有无差别。

用标准株所测结果：

100 200 400 400 400 400 800 1 600 1 600 1 600 3 200

用水生株所测结果：

100 100 100 200 200 200 200 400 400

1. 数据输入

可将上述资料看成为同一种变量为"血清效价"的资料被分成了两个组，因此必须用两个变量来说明该资料的性质，可将其定义为"分组"和"血清效价"两变量。同时还应当明确这是一个等比(对数正态分布)的资料，必须对其进行对数转换。具体操作如下：

(1) 进入变量查看(Variable View)SPSS 工作表，分别命名(Name)为两变量："分组"和"血清效价"；并用鼠标点击变量"分组"变量的 Values 栏，在其产生的如图 4.2 所示对话框中给予标记，即分别用 1 和 2 代表"标准珠"和"水生株"；可在变量"血清效价"的 Label 栏输入"钩端螺旋体血清效价"，对"血清效价"变量进行标记。

(2) 用鼠标点击工作表下方的 Data View(数据查看)进入数据输入工作表，以表 4.3 所示方式输入钩端螺旋体病人的血清滴度数据。

2. 统计分析

(1) 数据转换。由于 t 检验只能用于正态分布或近似正态分布的资料，而该资料呈对数正态分布，必须对其进行对数转换。

① 单击 Transform(转换)→Compute(计算)，则弹出对话框，在 Target Variable(目标变量)框中输入"lg"。按动 Function(函数)框中的滚动条，选中函数 LG10[numexpr]，按上方的三角型按钮，将其置入 Numeric Expression(数值表达式) 框内，如图 4.6 所示。

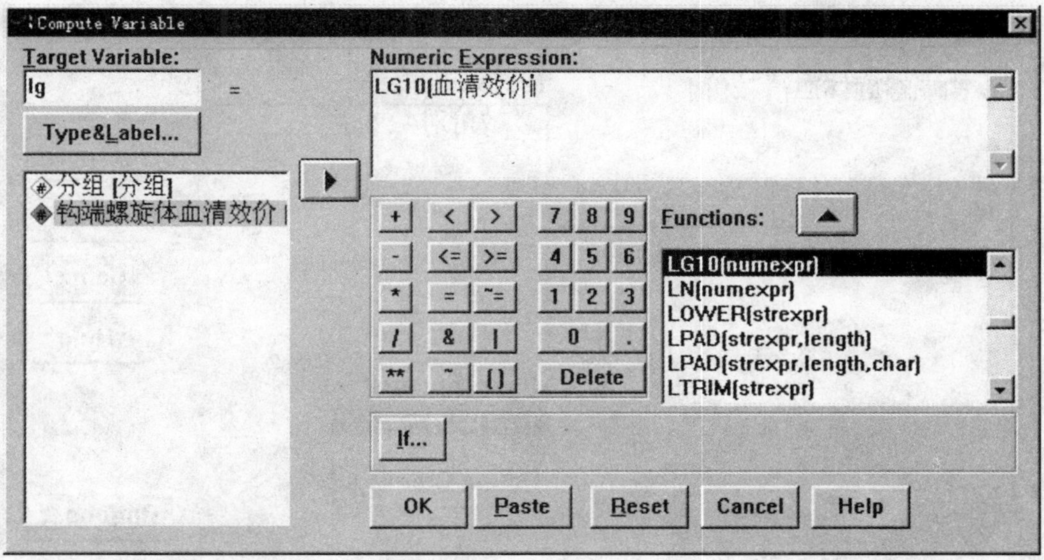

图 4.6　对“血清效价”变量取对数

② 按“Type & Label...”按钮，则弹出如图 4.7 所示对话框，将变量“tg”标记(Label)为“效价对数”，按“Continue”按钮。

图 4.7　对新变量“lg”进行标记

③ 再按图 4.6 中“OK”按钮，这时便会在 SPSS 工作表中产生一个经过对数转换的变量“lg”。

(2) 计算统计指标与统计量。具体操作如下。

① 单击 Analyze(分析)菜单，在下拉式菜单中选中 Compare Mean(比较均数)中的子菜单 Independent-Samples T Test(独立样本的 t 检验)，在弹出的对话框，将“lg”变量置入 Test Variable(s)(检验变量)框内，将分组变量置入 Grouping(分组)框内，如图 4.8 所示。

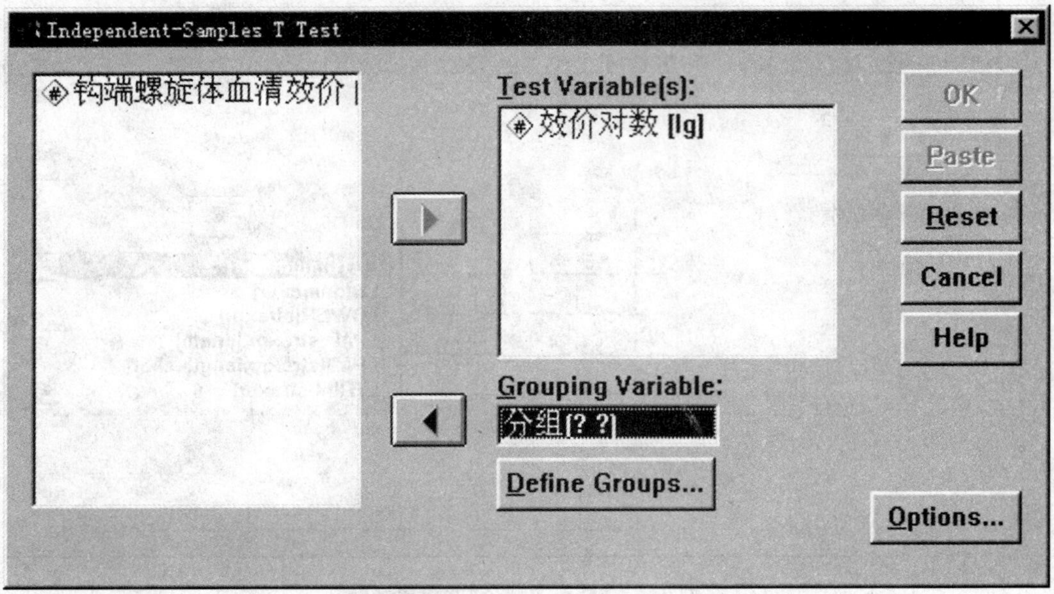

图 4.8 对血清效价的对数"lg"变量进行检验

② 按"Define Groups...(定义组)"按钮，则弹出如图 4.9 所示对话框。分别在两个 Group 框内输入所要比较组的代码，如 1 和 2；按"Continue"按钮，再按图 4.8 中"OK"按钮，则输出如表 4.6 和表 4.7 所示结果。

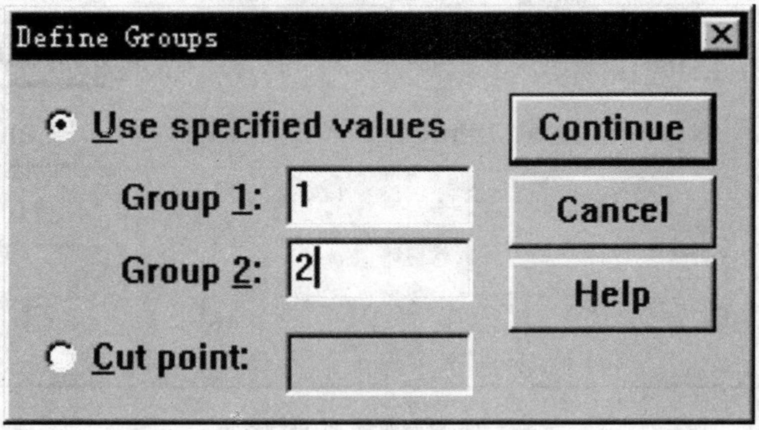

图 4.9 对标准株与水生株进行比较

表 4.6 标准株与水生株血清效价对数的统计指标

Group Statistics

	分 组	N	Mean	Std. Deviation	Std. Error Mean
效价对数	标准株	11	2.793 6	0.452	0.136 3
	水生株	9	2.267 6	0.235 3	7.844E-02

表 4.7　标准株与水生株血清效价对数的统计指标

Independent-Samples Test

		Levene's Test for Equality of Variances		t-test for Equality of Means						
		F	Sig.	t	df	Sig. (2-tailed)	Mean Difference	Std. Error Difference	95% Confidence Interval of the Difference	
									Lower	Upper
效价对数	Equal variances assumed	5.063	0.037	3.149	18	0.006	0.526	0.167	0.175 1	0.877
	Equal variances not assumed			3.345	15.585	0.004	0.526	0.157 2	0.192	0.860 1

由上统计结果可见，方差齐性检验（F 检验）结果为：F＝5.063，Sig.（显著性）＝0.037，即 P 值为 0.037，P 值小于 0.05，说明方差不齐，这时应看 Equal variances not assumed（方差假设不齐）结果：t＝3.345，df（自由度）＝15.585，P＝0.004，按 α＝0.05 的水准，拒绝检验假设，可以认为标准株血清效价（Mean＝2.793 6，反对数为 622）与水生株血清效价（Mean＝2.267 6，反对数为 185）有差异，水生株血清效价偏低。

（三）配对资料的比较

配对资料主要包括以下四种：(1) 同一受试对象处理前后的数据；(2) 同一受试对象两个部位的数据；(3) 同一样品用两种方法（仪器等）检验的结果；(4) 配对的两个对象分别接受两种处理后的数据。

例 4.4　应用某药治疗 9 例高血压病人，治疗前后舒张压（kPa）如下，试问治疗前后舒张压有无变化？

治疗前	12.8	13.1	14.9	14.4	13.6	13.1	13.3	14.1	13.3
治疗后	11.7	13.1	14.4	13.6	13.1	13.3	12.8	13.6	12.3

1. 输入数据

在 Variable View 工作表，用 Name 命令命名“治疗前”和“治疗后”两变量；进入 Data View 工作表，按表 4.8 所示方式输入资料。

表 4.8　配对资料的输入方式

治疗前	治疗后
12.8	11.7
13.1	13.1
⋮	⋮
⋮	⋮
13.3	12.3

2. 计算统计指标和统计量

(1) 单击 Analyze(分析)→Compare Means(比较均数)→Paired-Samples T Test(配对 t 检验),则弹出如图 4.10 所示对话框;同时选中两个变量(治疗前和治疗后),按三角形按钮将其置入 Paired Variables(配对变量)框内。

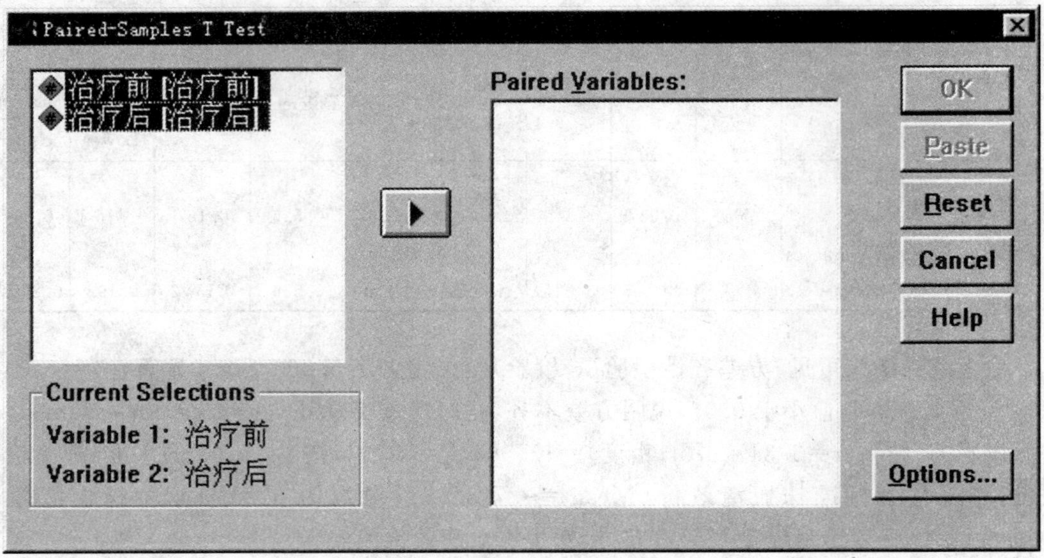

图 4.10 配对 t 检验对话框

(2) 按"OK"按钮,输出如表 4.9、表 4.10 和表 4.11 所示结果。

表 4.9 治疗前后血压的统计指标

Paired-Samples Statistics

		Mean	N	Std. Deviation	Std. Error Mean
Pair 1	治疗前	13.622 2	9	.697 8	.232 6
	治疗后	13.100 0	9	.784 2	.261 4

表 4.10 治疗前后血压的相关关系

Paired-Samples Correlations

		N	Correlation	Sig.
Pair 1	治疗前 & 治疗后	9	.843	.004

表 4.11 治疗前后血压的 t 检验结果

Paired-Samples T Test

	Paired Differences					t	df	Sig. (2-tailed)
	Mean	Std. Deviation	Std. Error Mean	95% Confidence Interval of the Difference				
				Lower	Upper			
Pair 1 治疗前-治疗后	.522 2	.423 6	.141 2	.196 6	.847 8	3.698	8	.006

表 4.9 为配对 t 检验的描述性统计结果(Paired Samples Statistics),分别为治疗前后均数(Mean)、样本例数(N)、标准差(Std. Deviation)和标准误(Std. Error)。

表 4.10 为 SPSS 对治疗前后两变量的相关分析,Correlation 相当于相关系数,为 0.843,双侧 P 值(Sig)为 0.004,说明两变量有线性相关关系(见第七章线性相关与回归章节)。

表 4.11 为配对 t 检验的结果,Mean 为两变量之差(Paired Differences)的均数,Std. Deviation 为两变量之差的标准差,Std. Error Mean 为两变量之差的标准误,95% Confidence Interval of the Difference 为两变量之差总体均数的 95%可信区间(Lower,下限—Upper,上限),其他意思与独立样本 t 检验雷同。

由上统计结果可知,t=3.698,df(自由度)=8,P=0.006,按 $\alpha=0.05$ 的水准,拒绝检验假设,可以认为治疗前后舒张压有差异,即该药具有一定的降压作用。

三、使用技巧

有时需要对数据库中某种属性的对象分别进行 t 检验。现以配对样本的 t 检验为例加以说明。请看下列资料。

例 4.5 用两种疫苗 A、B 分别免疫 8 只动物,测得某指标记录如表 4.12 所示。问接种前后 A 和 B 疫苗分别对该指标有无影响?

表 4.12 两种疫苗接种前后测得某指标记录

编号		1	2	3	4	5	6	7	8
疫苗 A	接种前	23	26	13	15	16	14	15	12
	接种后	11	20	27	11	10	26	18	17
疫苗 B	接种前	21	28	25	15	18	24	18	18
	接种后	27	18	28	22	27	12	14	19

操作如下:

1. 建立数据库

按图 4.11 所示方式建立数据库和输入数据,具体操作见本章节的有关内容。

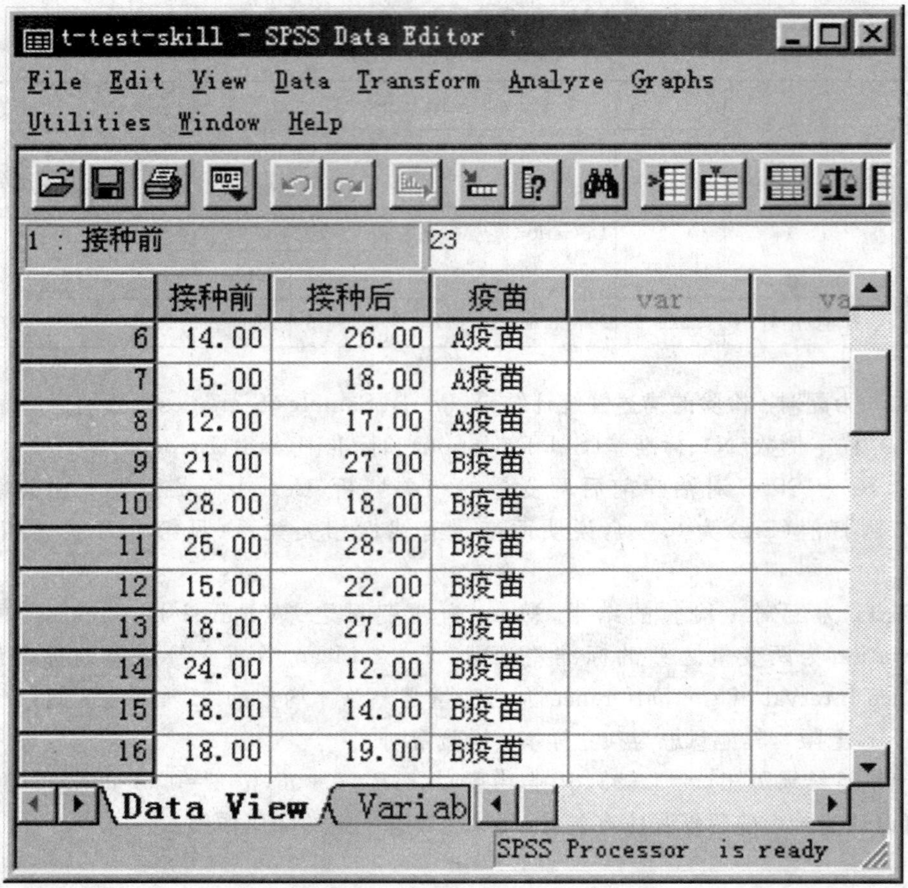

图 4.11　例 4.5 资料的输入方式

2. 单击主菜单 Data(资料)→Split File(劈开文件),则弹出如图 4.12 所示对话框,选中 Compare groups(比较组),按三角形按钮,将“疫苗”变量置于 Groups Based on(根据……分组)框内,按“OK”按钮。

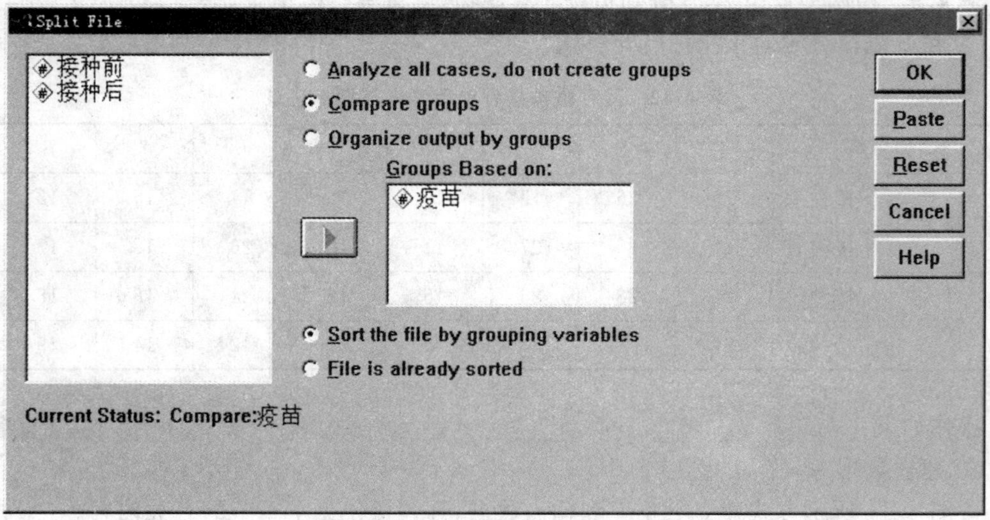

图 4.12　用“疫苗”变量劈开文件

3. 单击 Analyze(分析)→Compare Means(比较均数)→Paired-Samples T Test(配对 t 检验),则弹出如图 4.10 所示对话框;同时选中两个变量(接种前和接种后),按三角形按钮将其置入 Paired Variables(配对变量)框内,按"OK"按钮,输出如表 4.13、表 4.14 和表 4.15 所示结果。

表 4.13 两种疫苗接种前后某指标的描述性统计指标

Paired-Samples Statistics

疫 苗			Mean	N	Std. Deviation	Std. Error Mean
A 疫苗	Pair 1	接种前	16.750 0	8	5.007 1	1.770 3
		接种后	17.500 0	8	6.654 8	2.352 8
B 疫苗	Pair 1	接种前	20.875 0	8	4.421 9	1.563 4
		接种后	20.875 0	8	6.151 4	2.174 8

表 4.14 两种疫苗接种前后某指标的相关性分析

Paired-Samples Correlations

疫苗			N	Correlation	Sig.
A 疫苗	Pair 1	接种前 & 接种后	8	−.249	.553
B 疫苗	Pair 1	接种前 & 接种后	8	−.090	.832

表 4.15 两种疫苗接种前后某指标的配对 t 检验

Paired-Samples T Test

疫 苗	Paired Differences					t	df	Sig. (2-tailed)
	Mean	Std. Deviation	Std. Error Mean	95% Confidence Interval of the Difference				
				Lower	Upper			
A 疫苗 Pair 1 接种前-接种后	−.750 0	9.269 8	3.277 4	−8.499 7	6.999 7	−.229	7	.826
B 疫苗 Pair 1 接种前-接种后	.000 0	7.892 1	2.790 3	−6.598 0	6.598 0	.000	7	1.000

通过上述操作可以发现,利用 Split File(劈开文件)命令可把文件分成不同组,然后组内相互进行比较。显然,如果组间(A 疫苗与 B 疫苗)要进行比较,切不可用 Split File 命令,否则会出现错误。因此,如果要进行组间比较,但在操作中已经使用 Split File 命令,请注意用图 4.12 的"Reset"按钮将劈开的变量清零。

第五章　方差分析

3 组以上(含第三组)的样本均数的比较最好选用方差分析。对于多组间的均数的两两比较最好选用方差分析。请看下例。

一、单因素方差分析(完全随机设计多个样本均数的比较)

(一) 多个样本均数间两两比较

例 5.1　某湖水不同季节氯化物含量测定值如下,问不同季节氯化物含量有无差别?

表 5.1　某湖水不同季节氯化物含量测定值(mg/L)

春	夏	秋	冬
22.60	19.10	18.90	19.00
22.80	22.80	13.60	16.90
21.00	24.50	17.30	17.60
16.90	18.00	15.10	14.80
20.00	15.20	16.60	13.10
21.90	18.40	14.20	16.90
21.50	20.10	16.70	16.20
21.20	21.20	19.60	14.80

1. 数据输入

上述资料可以看成是变量为氯化物的资料被分成了春、夏、秋和冬 4 个组。可用“组间”和“氯化物”两个变量来描述资料的特点。同时对变量“组间”给予标记,用 1、2、3 和 4 分别代表春、夏、秋和冬四季。具体操作如下:

(1) 打开 SPSS 工作表,进入变量查看(Variable View),分别命名(Name)为两变量:“组间”和“氯化物”,在各自的 Label(标记)栏分别输入“四季”和“湖水中氯化物含量(mg/L)”(图 5.1)。

(2) 用鼠标点击变量“组间”的 Values 栏,使其产生如图 5.2 所示对话框,在上方标记框(Value)内键入 1,下方框内输入要标记的内容:“春”,按动“Add(添加)”按钮置于右边大方框内;以同样的方式分别对“夏”、“秋”和“冬”四季进行标记。然后按“OK”按钮。

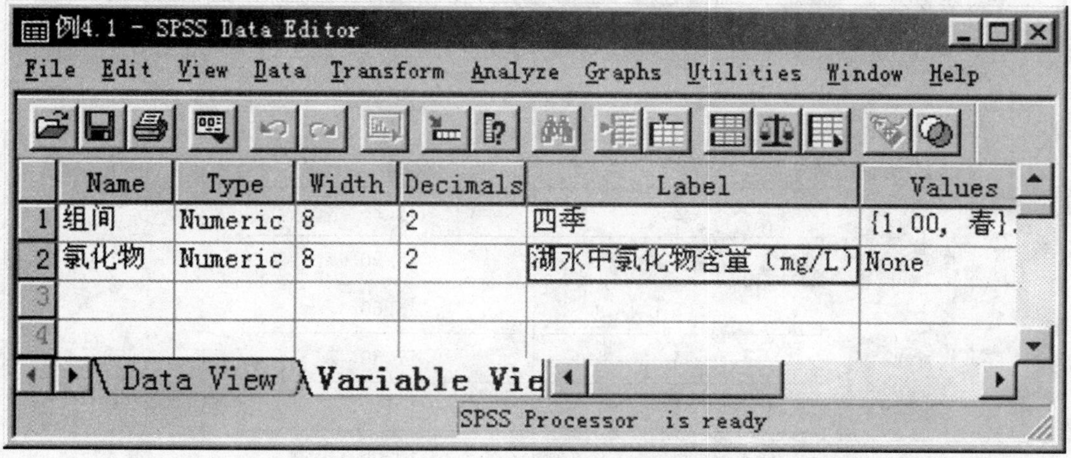

图 5.1　某湖水不同季节氯化物含量的变量命名

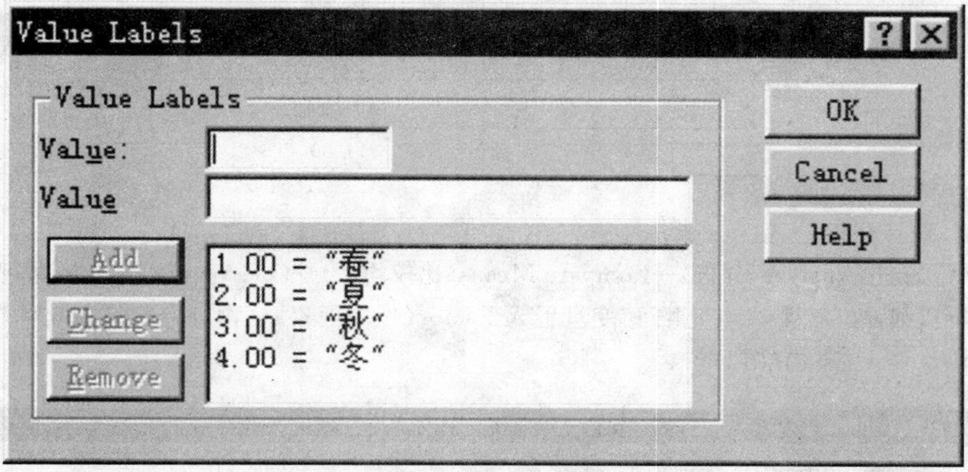

图 5.2　"组间"变量的标记

(3) 用鼠标点击"Data View"命令,进入数据查看工作表,按表 5.2 所示方式输入数据。

表 5.2　例 5.1 资料输入方式

组间	氯化物
1	22.60
1	22.80
1	21.00
⋮	⋮
1	21.20
2	19.10
2	22.80

续表 5.2

组间	氯化物
2	24.50
⋮	⋮
2	21.20
3	18.90
3	13.60
3	17.30
⋮	⋮
3	19.60
4	19.00
4	16.90
4	17.60
⋮	⋮
4	14.80

2. 统计分析

(1) 单击 Analyze(分析)→Compare Means(比较均数)→One-Way ANOVA(单因素方差分析),则弹出对话框,将"组间"变量置入 Factor(处理因素)框内,将变量"氯化物"置入 Dependent List 框内(图 5.3)。

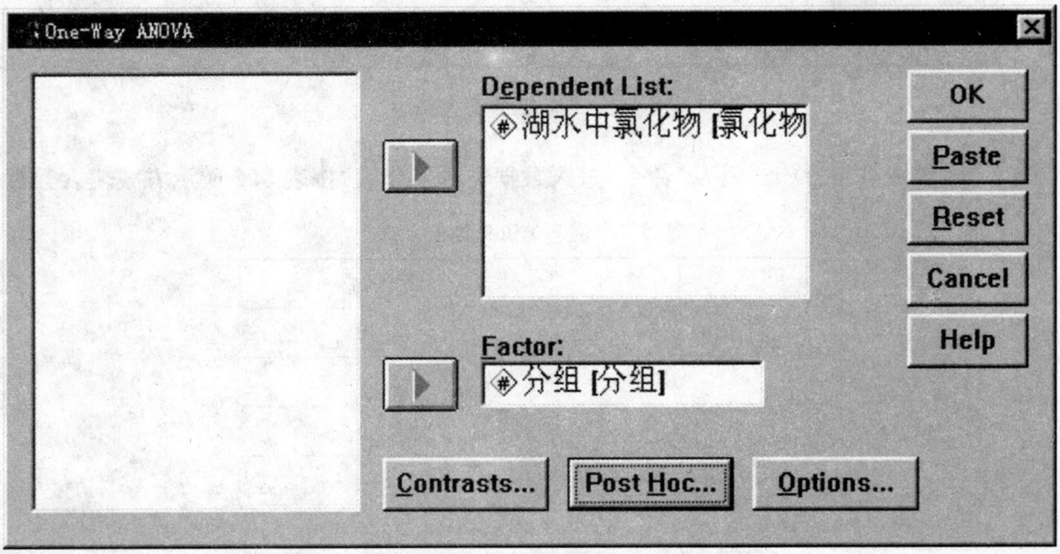

图 5.3 单因素方差分析对话框

(2) 按"Options..."按钮则弹出如图 5.4 所示对话框。如果要求各组的均数、标准差等描述性指标,可选中 Statistics 栏下的 Descriptive 命令,按"Continue"按钮;如果选 Means plot(由均数绘图),则会在输出视窗中输出一条用不同季节氯化物含量绘制的线图。

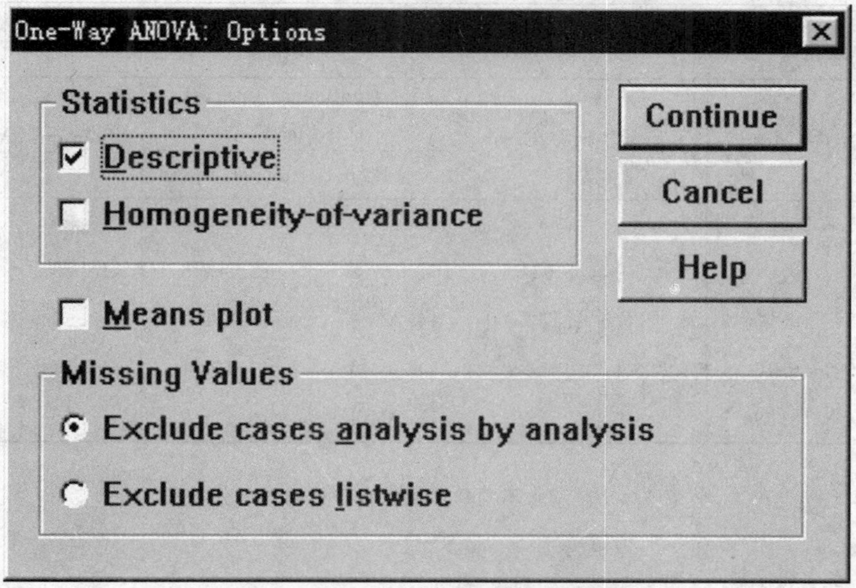

图 5.4 单因素方差分析中求描述性统计指标

(3) 如果要处理组间均数的两两比较,即比较不同季节氯化物均数有无显著性差别,则按图 5.3 中的"Post Hoc..."按钮,则弹出如图 5.5 所示对话框,选 S-N-K(Newman Keuls 法),这是常用的两两比较法。组间均数的两两比较有多种方法,常用的有 LSD、S-N-K 和 Duncan 三种方法。

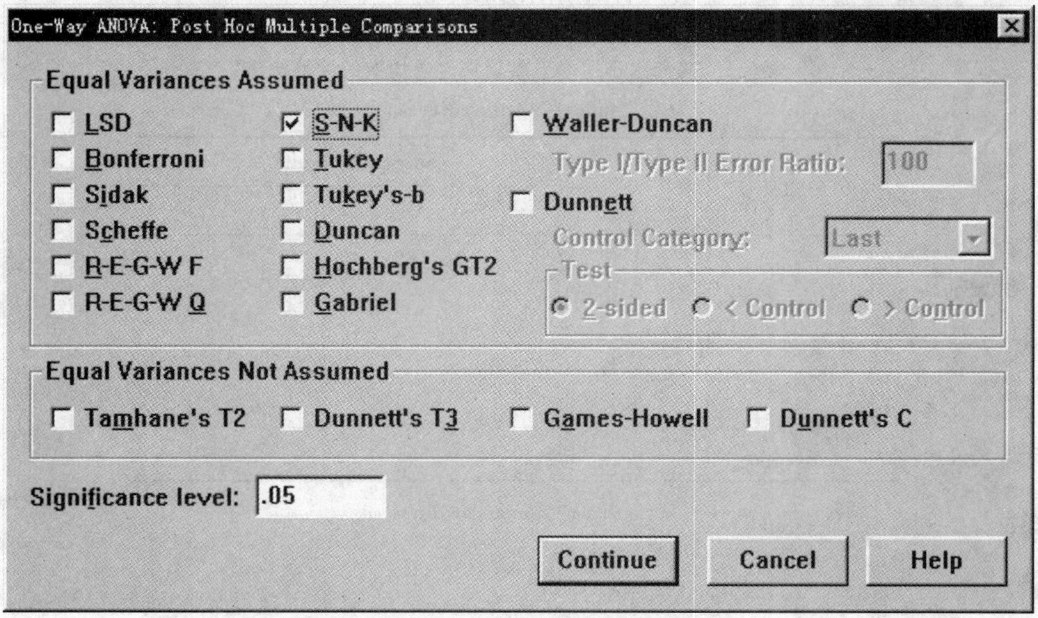

图 5.5 方差分析中多组间两两比较对话框

(4) 依次按"Continue"和图 5.3 中"OK"按钮，则输出如表 5.3、表 5.4 和表 5.5 所示结果。

表 5.3　某湖水不同季节氯化物含量的描述性指标

Descriptives

湖水中氯化物

	N	Mean	Std. Deviation	Std. Error	95% Confidence Interval for Mean		Minimum	Maximum
					Lower Bound	Upper Bound		
春	8	20.987 5	1.878 8	.664 2	19.416 8	22.558 2	16.90	22.80
夏	8	19.912 5	2.925 0	1.034 1	17.467 2	22.357 8	15.20	24.50
秋	8	16.500 0	2.128 7	.752 6	14.720 3	18.279 7	13.60	19.60
冬	8	16.162 5	1.863 1	.658 7	14.604 9	17.720 1	13.10	19.00
Total	32	18.390 6	3.012 9	.532 6	17.304 4	19.476 9	13.10	24.50

表 5.4　某湖水不同季节氯化物含量的方差分析表

ANOVA

湖水中氯化物

	Sum of Squares	df	Mean Square	F	Sig.
Between Groups	140.791	3	46.930	9.345	.000
Within Groups	140.616	28	5.022		
Total	281.407	31			

表 5.5　某湖水不同季节氯化物含量均数的两两比较

Student-Newman-Keuls

分组	N	Subset for alpha =.05	
		1	2
冬	8	16.162 5	
秋	8	16.500 0	
夏	8		19.912 5
春	8		20.987 5
Sig.		.765	.346

Means for groups in homogeneous subsets are displayed.

a Uses Harmonic Mean Sample Size=8.000.

表 5.3 是该资料的一般性描述指标，分别为各季节的湖水中氯化物的均数(Mean)、标准差(Std. Deviation)、标准误(Std. Error)、最大值(Maximum)和最小值(Minimum)。

95% Confidence Interval for Mean 为总体均数 95%的可信区间，相当于 $\overline{X}\pm t_{0.05,\nu}S_{\bar{x}}$，Lower Bound 为下限，Upper Bound 为上限。

表 5.4 是本例方差分析的统计结果：Between Groups 是组间的意思；Within groups 是组内意思；Sum of Squares 为离均差平方和，相当于医学统计学中的 SS；Mean Square 为均方，相当于医学统计学中的 MS。由此结果可知，$F=9.345$，$P\approx0.000$，按 $\alpha=0.05$ 拒绝检验假设，可以认为四季湖水中氯化物含量不同。

表 5.5 为两两均数比较结果，相当于统计学书中的 q 检验中的 Newman-Keuls 法。SPSS 可按 $\alpha=0.05$ 水准，将无统计学意义的均数归为一类(Subset for alpha = .05)。由表 5.5 可见，冬与秋样本均数(16.162 5 和 16.500 0)位于同一个 Subset，夏与春的样本均数(19.912 5 与 20.987 5)位于另一个 Subset 内，可以认为冬与秋、夏与春的样本均数差别无统计学意义，而春与秋、春与冬、夏与秋、夏与冬的样本均数的差别分别有统计学意义(即有显著性差异)。

(二) 试验组样本均数与对照组样本均数的比较

在进行方差分析时，有时试验组往往不需要进行相互比较，只需要各试验组与对照组分别进行比较。对于这种情况 SPSS 提供了 Dunnett 检验方法，但是要求在分组的变量如“组间”变量中，应将对照组的代码设置为最大(Last)或最小(First)。

当将对照组的代码设置为最大或最小后，可按上述单因素方差分析的方法弹出如图 5.6 对话框，选中 Dunnett，此时在 Control Category(对照组归类)的下拉式选择框会被“点亮”。如果在分组变量中，对照组代码设置为最大，则选择“Last”，反之则选中“First”。其余操作与上类同。

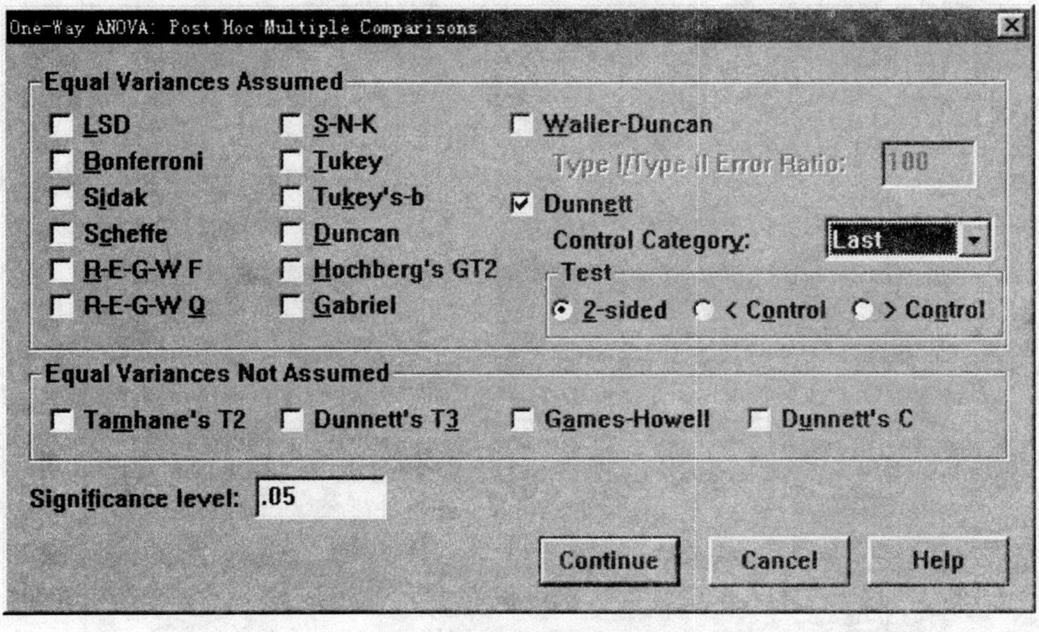

图 5.6　各试验组与对照组分别进行比较的对话框

二、多因素方差分析[随机区组(配伍组)设计多个样本均数的比较]

这种设计实际上是配对设计的扩展(详见配对 t 检验),其特点是可将组内变异分离出误差和配伍组(区组)间变异,提高了检验假设的效能。

例 5.2 为研究酵解作用对血糖浓度的影响,从 8 名健康人中抽血并制成血滤液。每个受试者的血滤液被分成 4 份,再随机地把 4 份血滤液分别放置 0,45,90,135 min,测其血糖浓度,结果如表 5.6 所示,试问放置不同时间的血糖浓度有无差别?

表 5.6 不同放置时间血滤液中血糖浓度变化(mmol/L)

区组号	放置时间(min)			
	0	45	90	135
1	5.24	5.27	4.94	4.61
2	5.24	5.22	4.88	4.66
3	5.88	5.83	5.38	5.00
4	5.44	5.38	5.27	5.00
5	5.66	5.44	5.38	4.88
6	6.22	6.22	5.61	5.22
7	5.83	5.72	5.38	4.88
8	5.27	5.11	5.00	4.44

1. 数据输入

上述资料可以看成是变量为"血糖"的资料被分成了 4 个时间处理组,分别为 0,45,90 和 135 min,可用 1,2,3 和 4 代码表示;同时每一个"时间"处理处又被分成 8 个区组(不同个体间)。因此可用"组间"、"血糖"和"区组"三变量,来说明该资料的特点。同时对变量"组间"给予标记(如何建立变量,请参阅本章节的单因素方差分析)。

在 Variable View 工作表,用鼠标点击变量"组间"的 Values 栏,使其产生如图 5.7 所示对话框。在 Value 框内分别输入各自的代码及代码所代表的内容,如用 1 代表"0 分钟",2 代表"45 分钟",3 代表"90 分钟",4 代表"135 分钟"。每次输入代码与其所代表的内容时,应按"Add"按钮,将其所代表的内容置入右边框内(图 5.7)。最后按"OK"按钮。

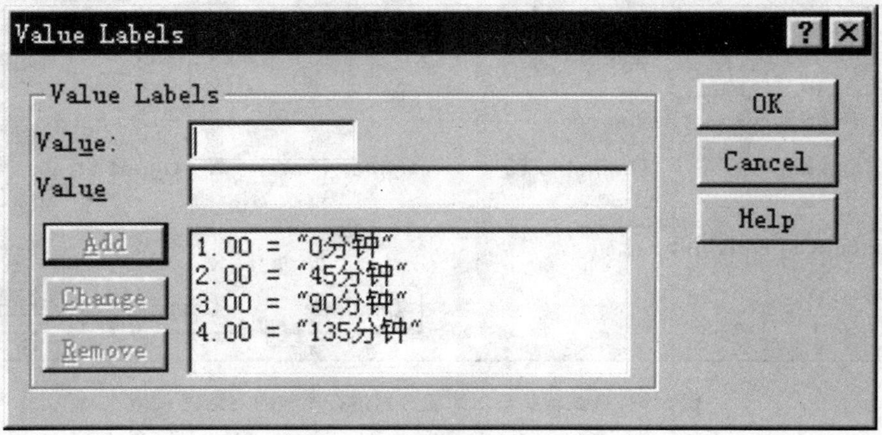

图 5.7 对变量"组间"的标记

按表 5.7 所示方式输入数据。在输入时应注意各“血糖”含量值应与其相应的“组间”和“区组”间代码输在同一记录内，一一对应，不可输错。

表 5.7　不同时间的血糖比较及输入方式

记录号	组间	血糖	区组
1	1.00	5.27	1.00
2	1.00	5.27	2.00
3	1.00	5.88	3.00
4	1.00	5.44	4.00
5	1.00	5.66	5.00
6	1.00	6.22	6.00
7	1.00	5.83	7.00
8	1.00	5.27	8.00
9	2.00	5.27	1.00
10	2.00	5.22	2.00
11	2.00	5.83	3.00
12	2.00	5.38	4.00
13	2.00	5.44	5.00
14	2.00	6.22	6.00
15	2.00	5.72	7.00
16	2.00	5.11	8.00
17	3.00	4.94	1.00
18	3.00	4.88	2.00
19	3.00	5.38	3.00
20	3.00	5.27	4.00
21	3.00	5.38	5.00
22	3.00	5.61	6.00
23	3.00	5.38	7.00
24	3.00	5.00	8.00
25	4.00	4.61	1.00
26	4.00	4.66	2.00
27	4.00	5.00	3.00
28	4.00	5.00	4.00
29	4.00	4.88	5.00
30	4.00	5.22	6.00
31	4.00	4.88	7.00
32	4.00	4.44	8.00

2. 统计分析

(1) 单击 Analyze(分析)→General Linear Model(一般线性模型)→Univariate(单因素),则弹出对话框,按三角形按钮将“血糖”变量置入 Dependent Variable 框内,将“组间”变量置入 Fixed Factor(s)框内,将“区组”变量置入 Random Factor(s)框内(图 5.8)。

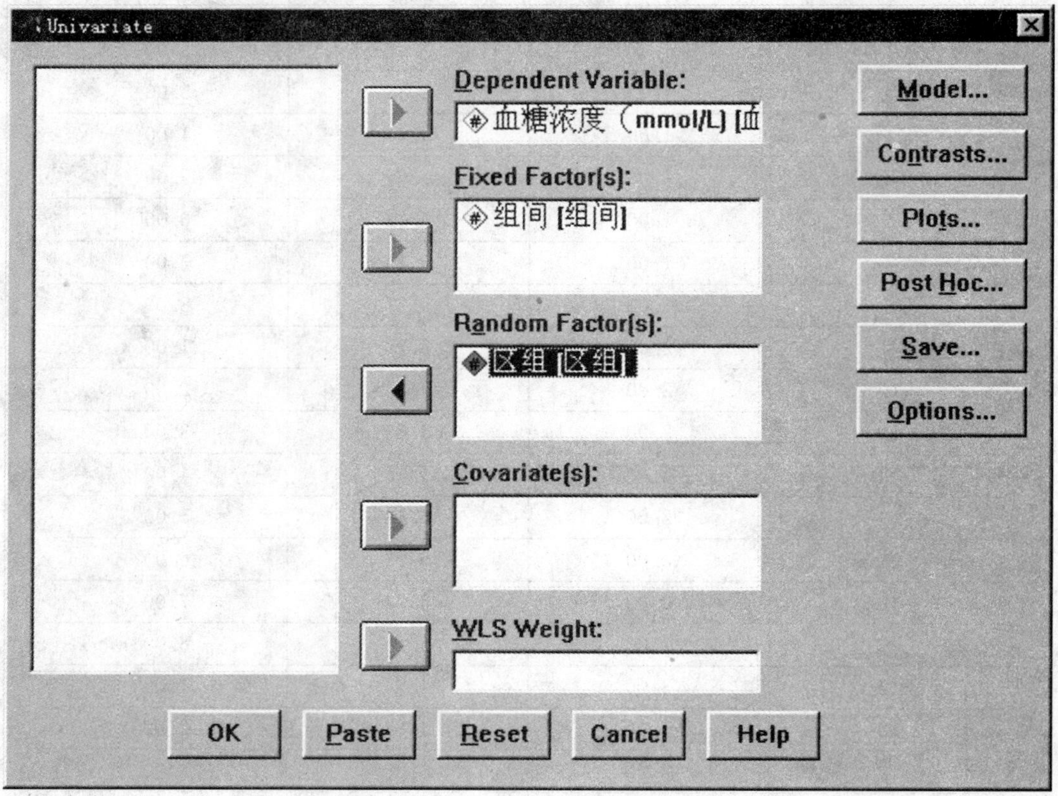

图 5.8 多因素方差分析对话框

(2) 按“Model...”按钮,在弹出的对话框中,选中 Custom(习惯设置),再分别选中“组间”和“区组”两变量,按三角按钮将其置入 Model 框内,单击“Continue”按钮。此步操作的目的是告诉计算机,分别计算“组间”和“区组”间的变异等(图 5.9)。

(3) 按图 5.8 中的“Post Hoc...”按钮,则弹出对话框,选中“组间”变量,按三角形按钮,将变量置入 Post Hoc Tests for 框内,选中 S-N-K(Newman Keuls 法),以对“组间”均数进行两两比较(图 5.10)。

(4) 按图 5.8 中“Options...”按钮,则弹出对话框,选中 Descriptive statistics,以求均数、标准差等描述性指标。如果需要进行区组间均数的两两比较,可选中变量“区组”,置入 Display Means for 框内,并选中 Compare main effects,按“Continue”按钮。SPSS 用 LSD (最小显著法)进行“区组”间均数的比较(图 5.11)。

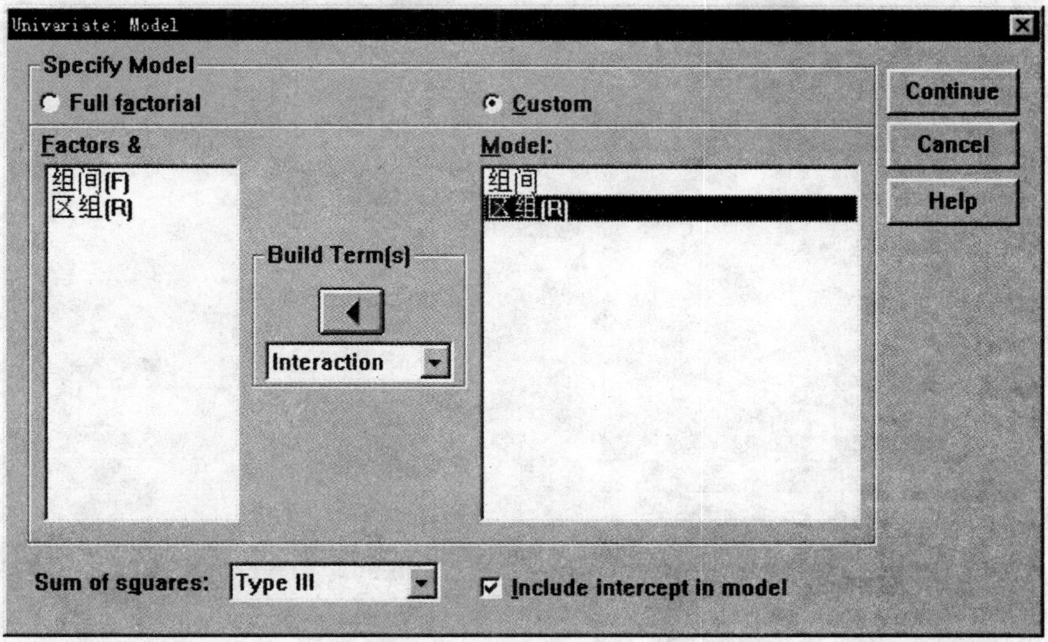

图 5.9 计算“组间”和“区组”间变异的对话框

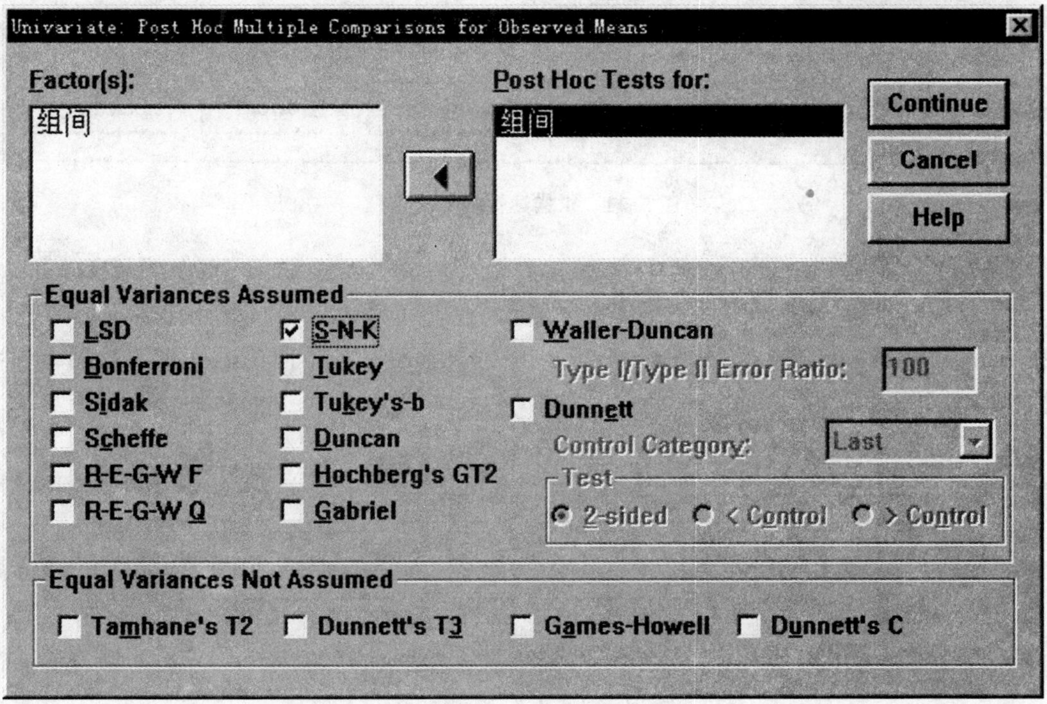

图 5.10 “组间”均数两两比较对话框

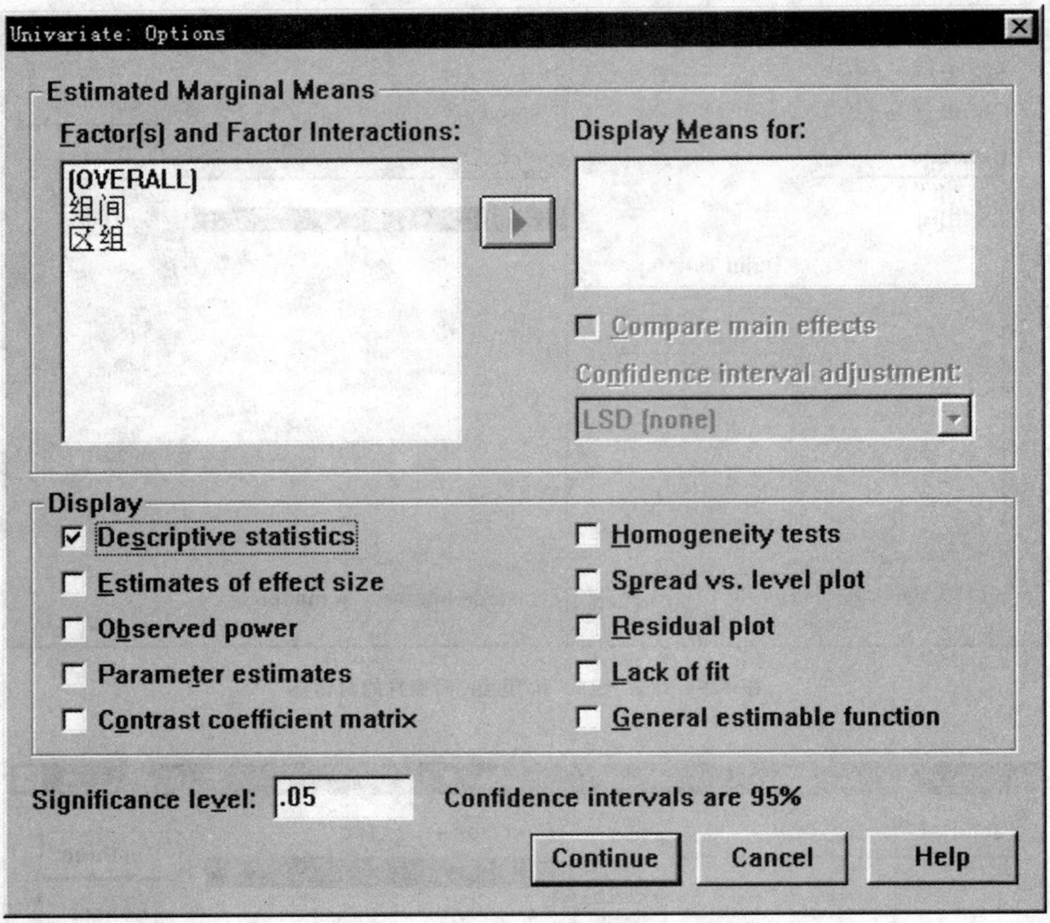

图 5.11　求描述性指标对话框

(5) 单击图 5.8 中的“OK”按钮，则输出如表 5.8、表 5.9、表 5.10、表 5.11 所示结果。

表 5.8 为组间、区组中观察值的例(个)数。由表可见总共有四个处理组：0，45，90 和 135 min，每组有 8 个观察值；有 8 个区组(个体)，分别于 4 个不同的时间内对血糖进行测量，得出 4 个观察值。

表 5.8　组间、区组中观察值的例数

Between-Subjects Factors

		Value Label(min)	N
组间	1.00	0	8
	2.00	45	8
	3.00	90	8
	4.00	135	8
区组	1.00		4
	2.00		4

续表 5.8

	Value Label(min)	N
3.00		4
4.00		4
5.00		4
6.00		4
7.00		4
8.00		4

表 5.9 为求“组间”、“区组”均数、标准差的过程。由表 5.9 可见，0 min 时测了 8 个个体的血糖值，经统计汇总(Total)，其均数(Mean)和标准差(Std. Deviation)为 5.605 0 和 0.352 8；45 min 时测了 8 个个体的血糖值，经统计汇总(Total)，其均数(Mean)和标准差(Std. Deviation)为 5.523 8 和 0.372 7，以此类推。同时对每个(区组)个体的不同的时间内对血糖值进行统计，其均数(Mean)和标准差(Std. Deviation)分别为：5.022 和 5.316 0，5.007 5和 0.289 3，…，4.955 0 和 0.360 8。不难看出，该 32 个观察值的总的均数为 5.298 7，标准差为 0.427 5。

表 5.9　各“组间”和“区组”的描述性统计指标

Descriptive Statistics

Dependent Variable：血糖浓度(mmol/L)

组间	区组	Mean	Std. Deviation	N
0 分钟	1.00	5.270 0	.	1
	2.00	5.270 0	.	1
	3.00	5.880 0	.	1
	4.00	5.440 0	.	1
	5.00	5.660 0	.	1
	6.00	6.220 0	.	1
	7.00	5.830 0	.	1
	8.00	5.270 0	.	1
	Total	5.605 0	.352 8	8
45 分钟	1.00	5.270 0	.	1
	2.00	5.220 0	.	1
	3.00	5.830 0	.	1
	4.00	5.380 0	.	1
	5.00	5.440 0	.	1

续表 5.9

组间	区组	Mean	Std. Deviation	N
	6.00	6.220 0	.	1
	7.00	5.720 0	.	1
	8.00	5.110 0	.	1
	Total	5.523 8	.372 7	8
90 分钟	1.00	4.940 0	.	1
	2.00	4.880 0	.	1
	3.00	5.380 0	.	1
	4.00	5.270 0	.	1
	5.00	5.380 0	.	1
	6.00	5.610 0	.	1
	7.00	5.380 0	.	1
	8.00	5.000 0	.	1
	Total	5.230 0	.259 9	8
135 分钟	1.00	4.610 0	.	1
	2.00	4.660 0	.	1
	3.00	5.000 0	.	1
	4.00	5.000 0	.	1
	5.00	4.880 0	.	1
	6.00	5.220 0	.	1
	7.00	4.880 0	.	1
	8.00	4.440 0	.	1
	Total	4.836 3	.251 8	8
Total	1.00	5.022 5	.316 0	4
	2.00	5.007 5	.289 3	4
	3.00	5.522 5	.414 6	4
	4.00	5.272 5	.194 8	4
	5.00	5.340 0	.329 4	4
	6.00	5.817 5	.491 3	4
	7.00	5.452 5	.427 0	4
	8.00	4.955 0	.360 8	4
	Total	5.298 7	.427 5	32

表 5.10 为组间、区组间均数的方差分析(F 检验)。在组间的假设检验(Hypothesis)中,离均差平方和 $[\sum(x_i-\bar{x})^2]$ 为 2.904,均方(Mean Square)为 0.968,F=77.310,P(Sig,显著性)近为 0,说明组间均数有显著性差异;在区组的假设检验中,离均差平方和 $[\sum(x_j-\bar{x})^2]$ 为 2.498,均方(Mean Square)为 0.357,F=28.497,P(Sig,显著性)近为 0,说明区组间均数有显著性差异;误差(Error)离均差平方和为 0.263,均方(Mean Square)为0.012 52。

表 5.10 组间、区组间的方差分析(F 检验)

Tests of Between-Subjects Effects

Dependent Variable:血糖浓度(mmol/L)

Source		Type III Sum of Squares	df	Mean Square	F	Sig.
Intercept	Hypothesis	898.456	1	898.456	2 517.691	.000
	Error	2.498	7	.357		
组间	Hypothesis	2.904	3	.968	77.310	.000
	Error	.263	21	1.252E-02[a]		
区组	Hypothesis	2.498	7	.357	28.497	.000
	Error	.263	21	1.252E-02[b]		

a. MS(区组)

b. MS(Error)

表 5.11 为各处理组间均数的两两比较。SPSS 可按 α=0.05 水准,将无统计学意义的均数归为一类(Subset)。由该表可见,0 与 45 min 的样本均数(5.523 8和5.605 0)位于同一个Subset,而 135 min 的样本均数(4.836 3)与 90 min(5.230 0)的样本均数位于不同的 Subset。因此,0 与 45 min 时间的血糖均数比较无统计学差异,而 135 min 与 90 min、135 min 与45 min、135 min 与 0 min、90 min 与 45 min、90 min 与 0 min 的血糖浓度各不相同,分别有统计学意义。

表 5.11 各处理组间血糖浓度(mmol/L)均数的两两比较

Student-Newman-Keuls

组间	N	Subset		
		1	2	3
135 分钟	8	4.836 3		
90 分钟	8		5.230 0	
45 分钟	8			5.523 8
0 分钟	8			5.605 0
Sig.		1.000	1.000	.161

Means for groups in homogeneous subsets are displayed.

Based on Type Ⅲ Sum of Squares

The error term is Mean Square (Error) = 1.252E-02.

三、使用技巧

有时往往需要将 SPSS 的表格输出结果转入到 Word 文档进行编辑。SPSS 输出结果与 Excel 具有良好的兼容性，与 Word 的兼容性相对较差，特别是中文部分。因此可以先将 SPSS 的输出格式转为 Excel 格式，然后再将其转为 Word 格式。具体操作如下：用鼠标选中 SPSS 的输出表格，单击鼠标左键，弹出对话框，选中 Copy 命令；打开 Excel 工作表，将鼠标指针移向任意一单元格，单击鼠标左键，选中"选择性粘贴"命令，在弹出对话框中选中"文本"方式(图 5.12)；按"确定"按钮即可将 SPSS 的输出格式转为 Excel 格式；再将 Excel 工作表中的结果选中，用"复制"和"粘贴"命令，将其粘贴到 Word 文档中，便完成 SPSS 输出结果与 Word 文档的转换工作。

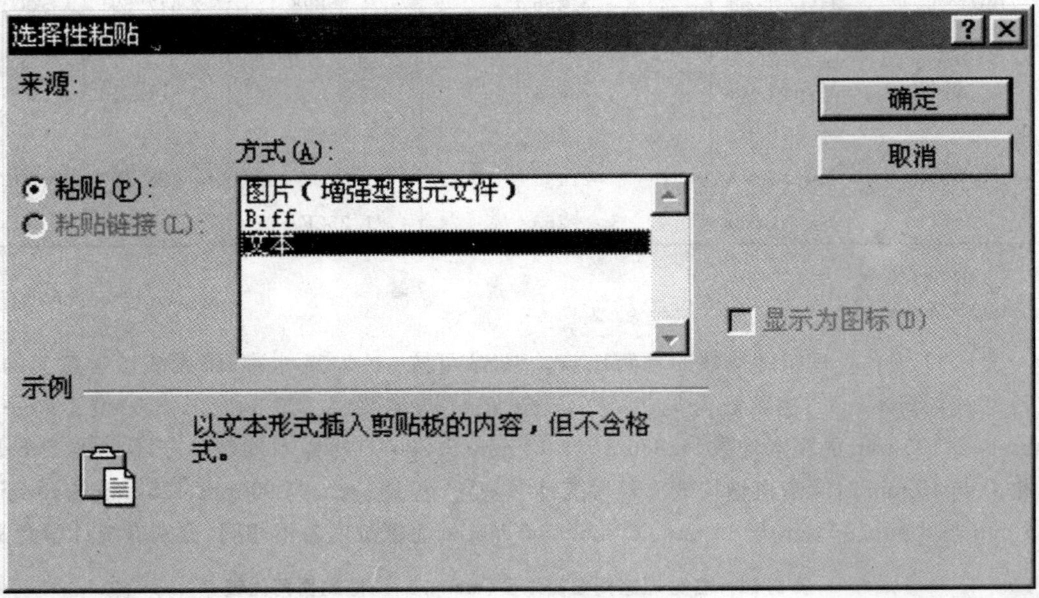

图 5.12 将 SPSS 的输出格式转为 Excel 格式的对话框

第六章　χ^2检验

一、非原始数据资料的 χ^2 检验

（一）四格表 χ^2 检验

例 6.1　某医院分别用化疗法和化疗结合放疗治疗卵巢肿瘤，结果如表 6.1 所示，问两法疗效有无明显不同？

表 6.1　化疗法和化疗结合放疗治疗卵巢肿瘤结果

组　别	有　效	无　效	合　计
化疗组	19(a)	24(b)	43(a+b)
化疗加放疗	34(c)	10(d)	44(c+d)
合　计	53(a+c)	34(b+d)	87(N)

由表 6.1 资料可见，该资料是经过人为汇总总结所得到的，即化疗组和化疗加放疗组均为不同的个体（病人）所获得的资料。由表 6.1 可见，同组分别有两种互不相容的结果：有效或无效；两组各自的结果互不影响，即相互独立。所以在建立数据库时要多加注意。

1. 数据输入

(1) 启动 SPSS 后，进入 Variable View（变量查看）工作表，分别用 Name 命令设置三个变量，分别为“组别”、“人数”和“效果”（图 6.1）。

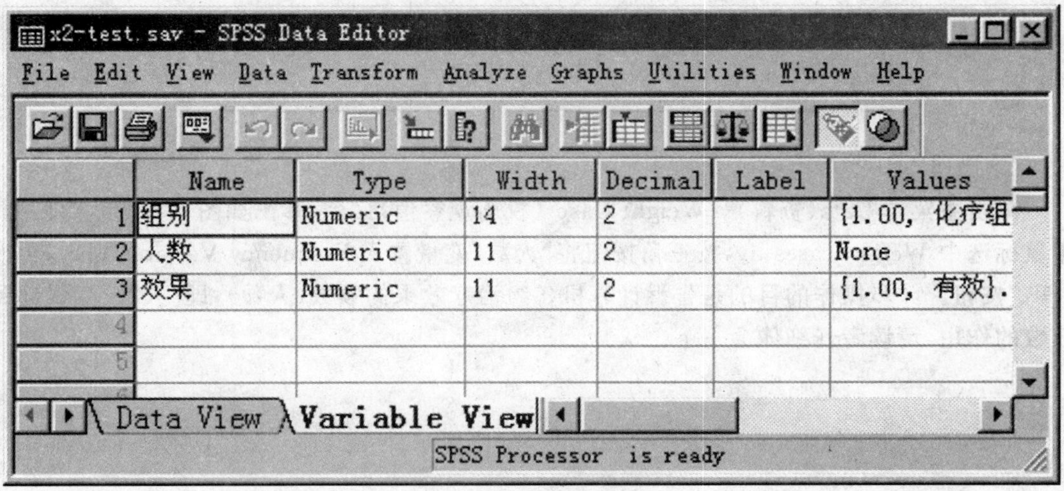

图 6.1　例 6.1 资料的变量命名

（2）再用鼠标点击“组别”变量的相应的 Values 单元格，使其弹出如图 6.2 所示对话框，分别用 Value Labels 命令对相应的代码进行标记，即用 1 表示“化疗”，用 2 表示“化疗加放疗”；用同样的方法对“效果”变量进行标记，分别用 1 和 2 表示“有效”和“无效”。每次标记时，应注意按“Add”按钮，将标记的内容及代码置于右边大方框内。

图 6.2 “组别”变量代码的标记

（3）点击工作表下方的 Data View 命令，进入“数据查看”工作表，按表 6.2 所示方式输入有关数据，具体操作见第二章有关内容。

表 6.2 例 6.1 资料的输入方法

组　别	人　数	效　果
1	19	1
1	24	2
2	34	1
2	10	2

2. 操作

单击主菜单 Data（资料）→Weight Cases（权衡观察值）命令，弹出如图 6.3 所示对话框，用鼠标选中 Weight cases by，按三角按钮将“人数”变量置入 Frequency Variable 框内，再按“OK”按钮。此步操作的目的是告诉计算机各组治疗效果的频数（人数），即“人数”变量起到权数的作用，请读者仔细体会一下。

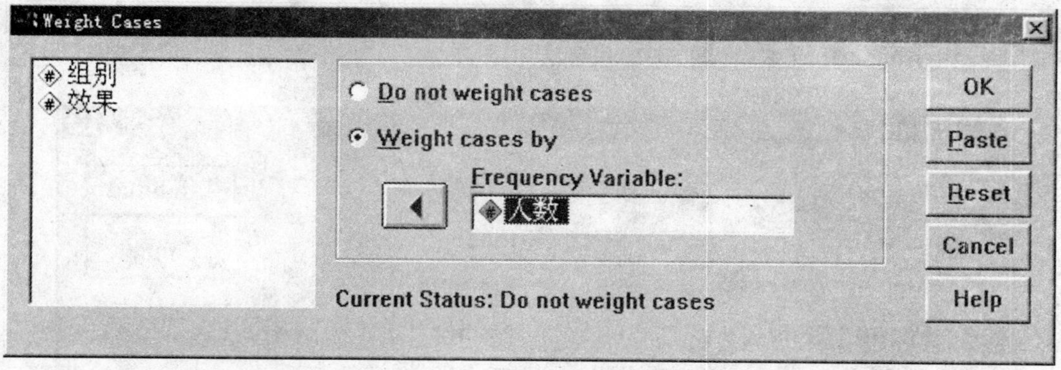

图 6.3　将“人数”变量中的数值转成“权数”或“频数”

3. 统计

(1) 单击 Analyze(分析)→Descriptive Statistics(描述性统计)→Cross tabs(行×列表),则弹出对话框。将变量“组别”置入 Row(s)(行)框内,将“效果”变量置入 Column(s)(列)框内(图 6.4)。

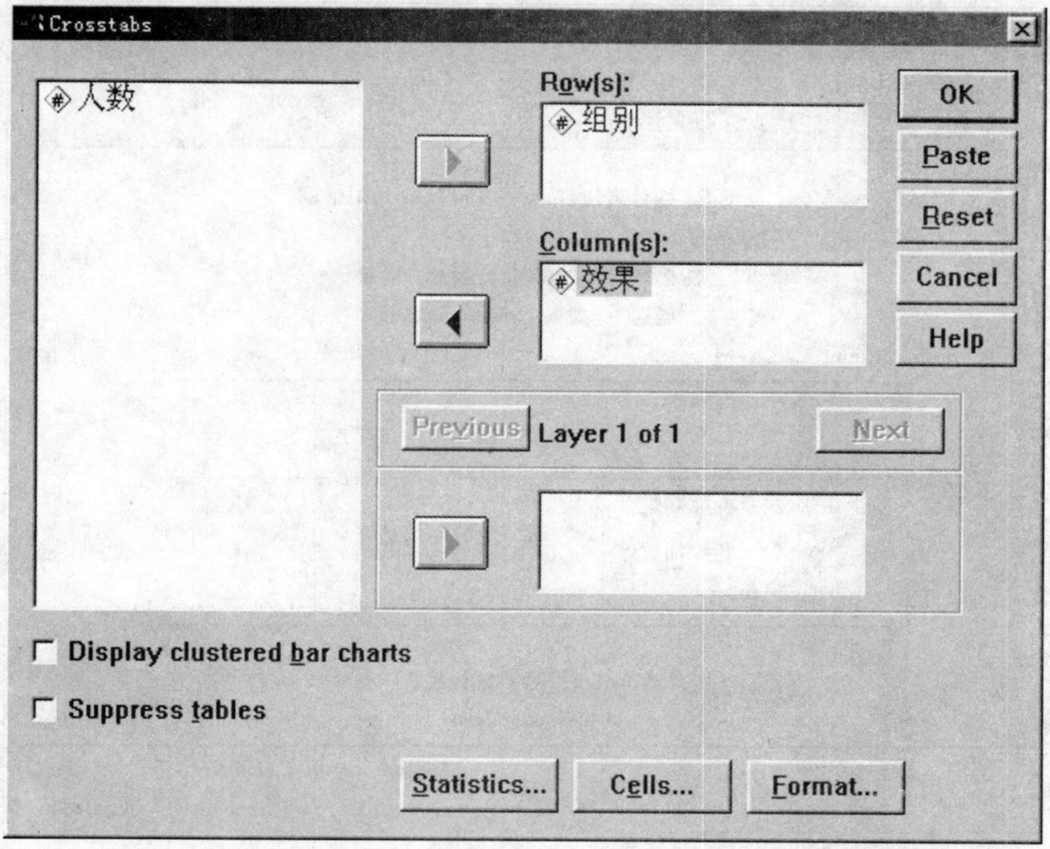

图 6.4　行×列分析对话框

(2) 按“Statistics...”按钮，弹出如图 6.5 所示对话框，选中 Chi-square，按“Continue”按钮，再单击图 6.4 中“OK”按钮，则输出如表 6.3 和表 6.4 所示结果。

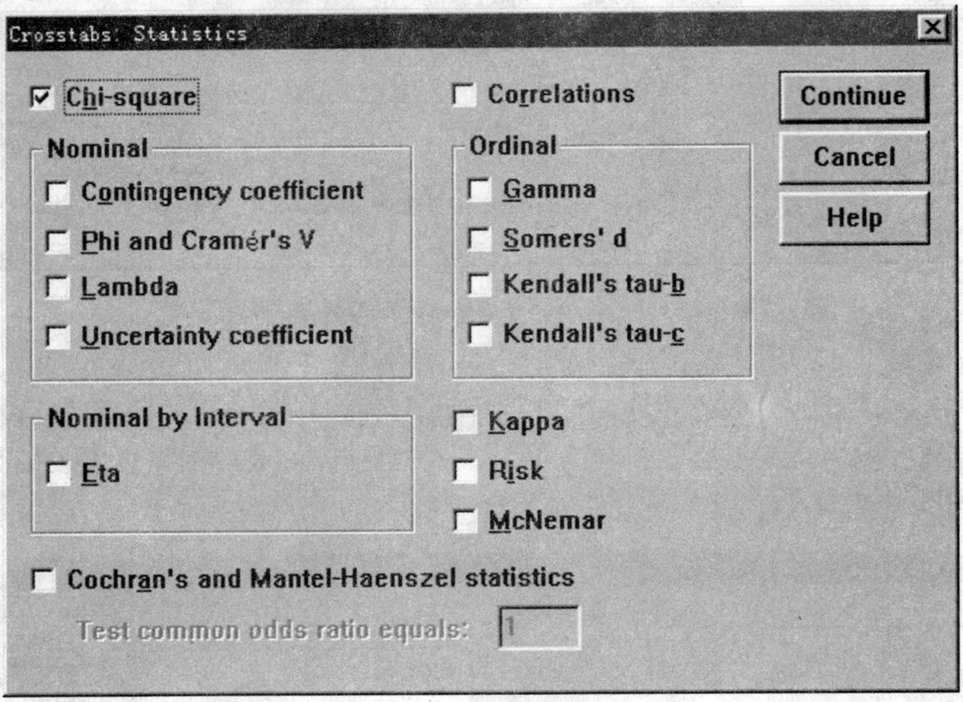

图 6.5　统计方法(χ^2 检验，Chi-square)对话框

表 6.3　化疗组和化疗加放疗效果

组别 ＊ 效果 Crosstabulation

Count

		效果		Total
		有效	无效	
组别	化疗组	19	24	43
	化疗加放疗	34	10	44
Total		53	34	87

表 6.4　χ^2 检验统计量表

Chi-Square Tests

	Value	df	Asymp. Sig. (2-sided)	Exact Sig. (2-sided)	Exact Sig. (1-sided)
Pearson Chi-Square	10.000[b]	1	.002		
Continuity Correction[a]	8.658	1	.003		
Likelihood Ratio	10.232	1	.001		

续表 6.4

	Value	df	Asymp. Sig. (2-sided)	Exact Sig. (2-sided)	Exact Sig. (1-sided)
Fisher's Exact Test				.002	.001
Linear-by-Linear Association	9.885	1	.002		
N of Valid Cases	87				

a. Computed only for a 2×2 table.

b. 0 cells (.0%) have expected count less than 5. The minimum expected count is 16.80.

不同资料应选用不同的 χ^2 计算方法。计算公式不同，其计算结果亦不同，所以在 SPSS 输出结果时特给予说明。现就表 6.4 下的英文意思作一以说明：a. Computed only for a 2×2 table，意思是该结果只对四格表有效（关于它的具体含意在例 6.2 的输出结果中解释）；b. 0 cells(.0%) have expected count less than 5. The minimum expected count is 16.80，意思是期望值（expected count），又称理论数（用 T 表示），小于 5 的单元格数为 0%，即理论值无小于 5 的单元格存在，最小的期望值（最小的理论数，T）为 16.80。

当四格表中 N（总例数）>40 且最小理论数（T）>5 时，直接看表 6.4 第一行的计算结果即 Pearson Chi-Square，即通常所计算的 χ^2 值，也就是由下例公式计算的结果：

$$\chi^2=\frac{(ad-bc)^2n}{(a+b)(a+c)(b+d)(c+d)}$$

或

$$\chi^2=\sum\frac{(A-T)^2}{T}$$

由本例可知，其 $\chi^2=10.000$，$P=0.002$，按 $a=0.05$ 水准，拒绝检验假设，可以认为化疗与化疗加放疗疗效不同。

（二）四格表 χ^2 值的校正检验

当 $N>40$，$1<T<5$ 时，χ^2 值应进行校正。请看下例。

例 6.2 某医生用甲、乙两疗法治疗小儿单纯性消化不良，结果如表 6.5 所示，试比较两种疗法效果有无差异？

表 6.5 两种疗法比较

疗法	痊愈数	未愈数	合 计
甲	26	7	33
乙	36	2	38
合计	62	9	71

1. 数据输入

按表 6.6 所示方式输入数据，具体操作请参考上例。

表 6.6　例 6.2 资料的输入方法

组　别	人　数	效　果
1	26	1
1	7	2
2	36	1
2	2	2

2. 操作与统计

分别单击 Data(资料)→Weight Cases(权衡观察值)命令和 Analyze(分析)→Descriptive Statistics(描述性统计)→Cross tabs(行×列表)命令，弹出各自的对话框，具体操作请参照上例。按图 6.4"OK"按钮后，输出结果如表 6.7 和表 6.8 所示。

表 6.7　甲、乙两疗法治疗小儿单纯性消化不良效果

组别 * 效果 Crosstabulation

Count

		效果		Total
		痊愈	未痊愈	
组别	甲法	26	7	33
	乙法	36	2	38
Total		62	9	71

表 6.8　χ^2 检验统计量表

Chi-Square Tests

	Value	df	Asymp. Sig. (2-sided)	Exact Sig. (2-sided)	Exact Sig. (1-sided)
Pearson Chi-Square	4.059[b]	1	.044		
Continuity Correction[a]	2.746	1	.098		
Likelihood Ratio	4.210	1	.040		
Fisher's Exact Test				.072	.048
Linear-by-Linear Association	4.002	1	.045		
N of Valid Cases	71				

a. Computed only for a 2×2 table.

b. 2 cells (50.0%) have expected count less than 5. The minimum expected count is 4.18.

由表 6.8 下的英文可知，本例最小期望值(The minimum expected count)即最小理论数(The minimum theoretical value, T)为 4.18，位于1～5之间，SPSS 自动给予了 continuity correction(连续性校正)校正，由统计学家 Yates 提出，所以也称为 Yates's correction。

由本例可见，N＝71，最小理论数(T)＝4.18，即符合 N＞40 及 1＜T＜5 的条件，应用

continuity correction(连续性校正)行的统计结果。所以 $\chi^2=2.746$,$P=0.098$,按 $\alpha=0.05$ 水准,不拒绝检验假设,还不能认为两种疗法有明显差别,即两种方法治疗效果差异不显著。该 χ^2 值实际上是由下例公式计算所得:

$$\chi^2=\frac{\left(|ad-bc|-\frac{n}{2}\right)^2 n}{(a+b)(a+c)(b+d)(c+d)}$$

或

$$\chi^2=\sum\frac{(|A-T|-0.50)^2}{T}$$

如果读者资料为 $N>40$,$1<T<5$ 时,应该用 continuity correction(连续性校正)行的统计结果,望能予以注意。

(三)直接计算概率法

当 $N\leqslant40$ 或 $T\leqslant1$ 时,四格表的 χ^2 检验应该用直接计算概率法。请看下例。

例 6.3 某防疫站观察当地的一个污水排放口,高温季节和低温季节中水样的伤寒菌检出情况,资料如表 6.9 所示,问两个季节污水的伤寒菌检出率有无差别?

表 6.9 高低温季节污水中伤寒菌检出结果

季节气温	阳性数	阴性数	合 计
高	1	14	15
低	3	7	10
合 计	4	21	25

1. 数据输入

可用 Name 命令设置三个变量,分别为"季节气温"、"水样数"和"效果";再对"季节气温"和"效果"变量中的变量值进行标记,即用 1 代表"季节气温"中"高温",用 2 代表"低温";用 1 代表"效果"中的"阳性数",用 2 代表"阴性数"。具体操作同例 6.1。点击工作表下方的 Data View 命令,进入"数据查看"工作表,按表 6.10 所示方式输入有关数据。具体操作见有关内容。

表 6.10 例 6.3 资料的输入方法

季节气温	水样数	效 果
1	1	1
1	14	2
2	3	1
2	7	2

2. 操作与统计

单击 Data(资料)→Weight Cases(权衡观察值)命令,将变量"水样数"置入 Frequency Variable 框内,然后再按图 6.3"OK"按钮。再单击 Analyze(分析)→Descriptive Statistics

(描述性统计)→Cross tabs(行×列表),弹出对话框后,将变量“季节气温”置入 Row(s)(行)框内,将“效果”变量置入 Column(s)(列)框内,其余操作步骤与上类同。按如图 6.4 “OK”按钮后,便输出如表 6.11 和表 6.12 所示的结果。

表 6.11　不同季节气温污水中伤寒菌检出结果

季节气温 * 效果 Crosstabulation

Count

		效　果		Total
		阳　性	阴　性	
季节气温	高	1	14	15
	低	3	7	10
Total		4	21	25

表 6.12　χ^2 检验统计量表

Chi-Square Tests

	Value	df	Asymp. Sig. (2-sided)	Exact Sig. (2-sided)	Exact Sig. (1-sided)
Pearson Chi-Square	2.431[b]	1	.119		
Continuity Correction[a]	1.004	1	.316		
Likelihood Ratio	2.418	1	.120		
Fisher's Exact Test				.267	.159
Linear-by-Linear Association	2.333	1	.127		
N of Valid Cases	25				

a. Computed only for a 2×2 table.

b. 2 cells (50.0%) have expected count less than 5. The minimum expected count is 1.60.

由表 6.11 和表 6.12 可见,本例 N(N of Valid Cases)为 25,小于 40 例,虽然最小期望值(The minimum expected count)即最小理论数(The minimum theoretical value, T)大于 1,为 1.60,但已符合 N≤40 或 T≤1 的条件,此时 SPSS 提供了 Fisher's Exact Test,即精确计算概率法。

本例 SPSS 经精确计算概率法所得:Exact Sig. (2-sided)即 P(双侧)=0.267;Exact Sig. (1-sided)即 P(单侧)=0.159。按 α=0.05 水准,不拒绝检验假设,还不能认为高低温季节对污水中伤寒菌检出率有影响。

所以,如果读者资料符合 N≤40 或 T≤1 的条件时,请用 Fisher's Exact Test 行的统计结果。

(四) 配对计数资料的 χ^2 检验

例 6.4　有 28 份咽喉涂抹标本,把每份标本依同样的条件分别接种于甲、乙两种白喉杆菌培养基上,观察白喉杆菌的生长情况,观察结果如表 6.13 所示,问两种培养基的效果有无差别?

表 6.13　两种白喉杆菌培养基培养结果

甲培养基	乙培养基		合　计
	阳　性	阴　性	
阳性	11	9	20
阴性	1	7	8
合计	12	16	28

1. 数据输入

可对表 6.13 作以下总结：甲培养基和乙培养基均呈阳性有 11 对培养基；甲培养基阳性和乙培养基阴性有 9 对培养基；甲培养基阴性和乙培养基阳性有 1 对培养基；甲培养基和乙培养基均阴性有 7 对培养基。因此可用 Name 命令设置三个变量，分别为“甲培养基”、“乙培养基”和“对子数”(图 6.6)。

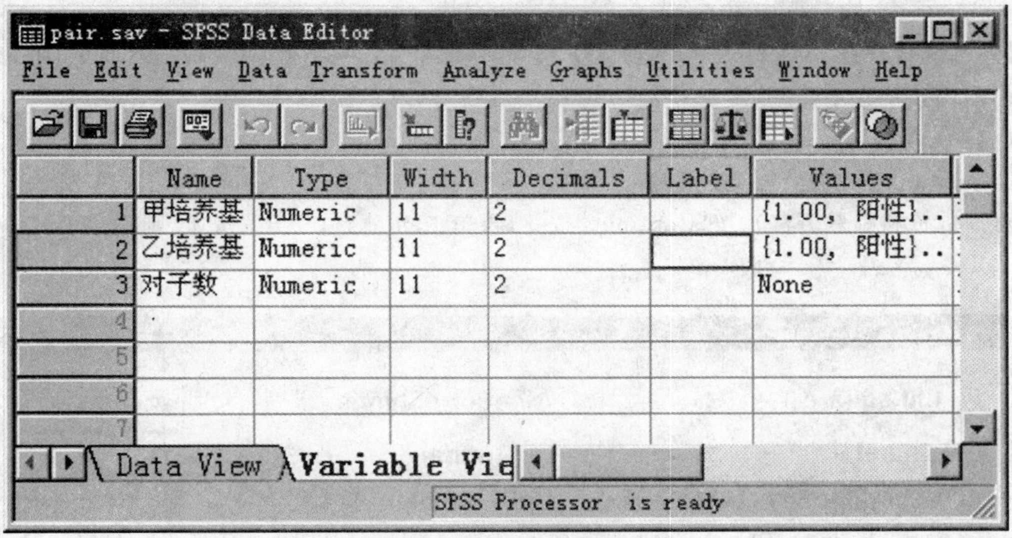

图 6.6　例 6.4 变量的命名

再用鼠标分别点击“甲培养基”和“乙培养基”变量中的 Values 单元格，弹出对话框后对其相应的变量值分别进行标记，即用 1 代表“阳性”，用 2 代表“阴性”(图 6.7)。

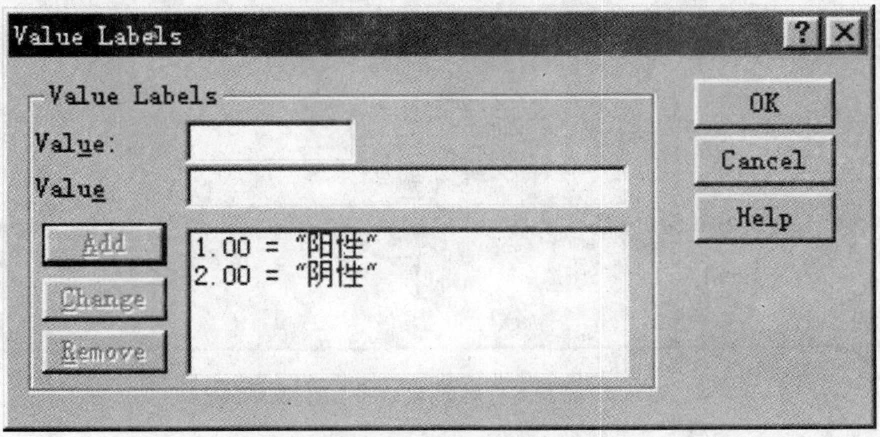

图 6.7　“甲培养基”和“乙培养基”变量代码的标记

进入 Data View(数据查看)工作表,按表 6.14 所示方式输入有关数据。

表 6.14　例 6.4 配对资料输入方式示意

甲培养基	乙培养基	对子数
1	1	11
1	2	9
2	1	1
2	2	7

2. 操作

单击 Data(资料)→Weight Cases(权衡观察值)命令,将变量"对子数"置入 Frequency Variable 框内,然后再按图 6.3"OK"按钮。再单击 Analyze(分析)→Descriptive Statistics (描述性统计)→Cross tabs(行×列表),弹出对话框后,将变量"甲培养基"置入 Row(s) (行)框内,将"乙培养基"变量置入 Column(s)(列)框内。

3. 统计

按 Statistics(统计学)按钮,弹出如图 6.8 所示对话框,选中 McNemar(这是 SPSS 用于配对计数资料检验方法),按"Continue"按钮,再单击图 6.4 中"OK"按钮,则输出表 6.15 和表 6.16。

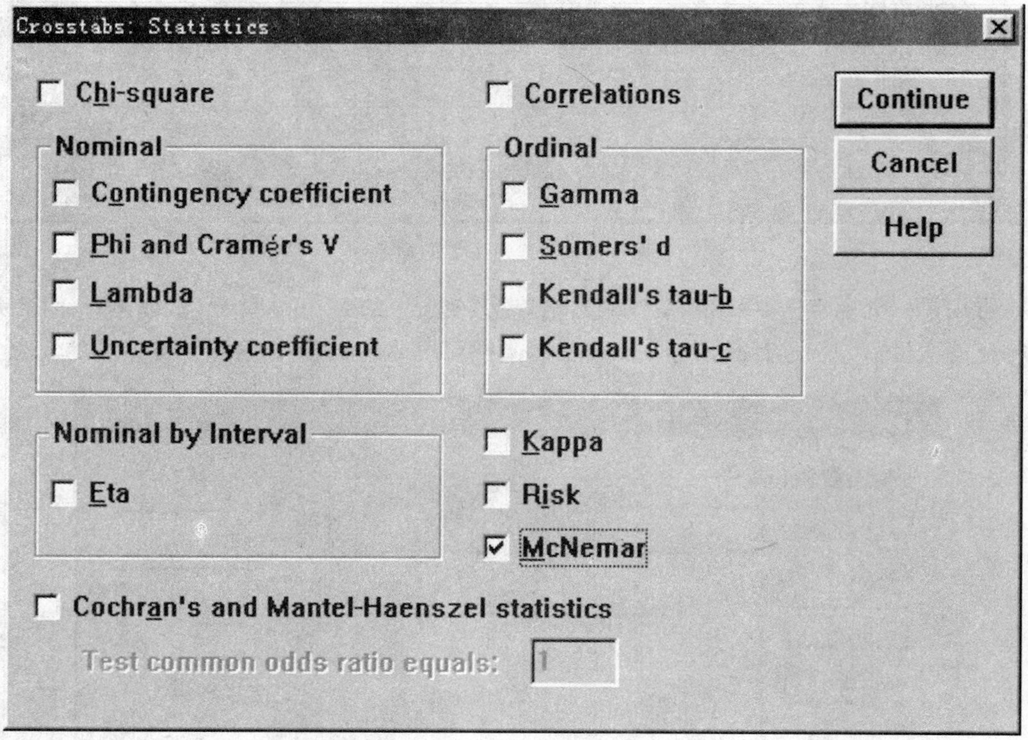

图 6.8　选配对资料 χ^2 检验的选项 McNemar

表 6.15　两种培养基培养效果

甲培养基 * 乙培养基 Crosstabulation

Count

		乙培养基		Total
		阳　性	阴　性	
甲培	阳性	11	9	20
养基	阴性	1	7	8
Total		12	16	28

表 6.16　两种培养基培养效果的 χ^2 检验

Chi-Square Tests

	Value	Exact Sig. (2-sided)
McNemar Test		.021[a]
N of Valid Cases	28	

a. Binomial distribution used.

由表 6.16 可见，SPSS 选用二项分布（Binomial Distribution）的直接计算概率法，计算该配资料的 χ^2 检验的精确双侧概率［Exact Sig.（2-sided）］。由本例计算可见，P＝0.021，根据 $\alpha=0.05$ 的水准，拒绝检验假设，可以认为甲乙两种培养基对白喉杆菌的培养效果不同。也可以认为该概率值是由下列公式计算的 χ^2 值通过精确积分（或查 χ^2 表）所得。

当 b＋c＜40 时：　$$\chi^2=\sum\frac{(|b-c|-1)^2}{b+c}$$

当 b＋c＞40 时：　$$\chi^2=\sum\frac{(b-c)^2}{b+c}$$

（五）行（R）×列（C）计数资料的 χ^2 检验

例 6.5　胡氏等 1986 年在北京进行住宅建筑日照卫生标准的研究，对 214 幢楼房居民的婴幼儿 917 人体验，检出佝偻病 379 例，比较了居室朝向与患病率的关系。现将该资料归纳如表 6.15 所示，试作 χ^2 检验，比较居室朝向对婴幼儿患佝偻病有无影响。

表 6.17　居室朝向与室内婴幼儿佝偻病患病情况

检出结果	居室朝向				合计
	南	西、西南	东、东南	北、东北、西北	
患病	180	14	120	65	379
无病	200	16	84	33	333
合计	380	30	204	98	917

1. 数据输入

(1) 进入 Variable View (变量查看)工作表后,分别用 Name 命令设置三个变量,分别为“患病情况”、“幼儿数”和“居室朝向”(图 6.9)。

(2) 用鼠标点击“患病情况”变量的相应的 Values 单元格,使其弹出如图 6.10 所示对话框,分别用 Value labels 命令对相应变量值进行标记,即用 1 表示“患病”,用 2 表示“无病”;用同样的方法对“居室朝向”进行标记,即用 1,2,3 和 4 分别表示“南”、“西、西南”、“东、东南”及“北、东北、西北”(图 6.11)。

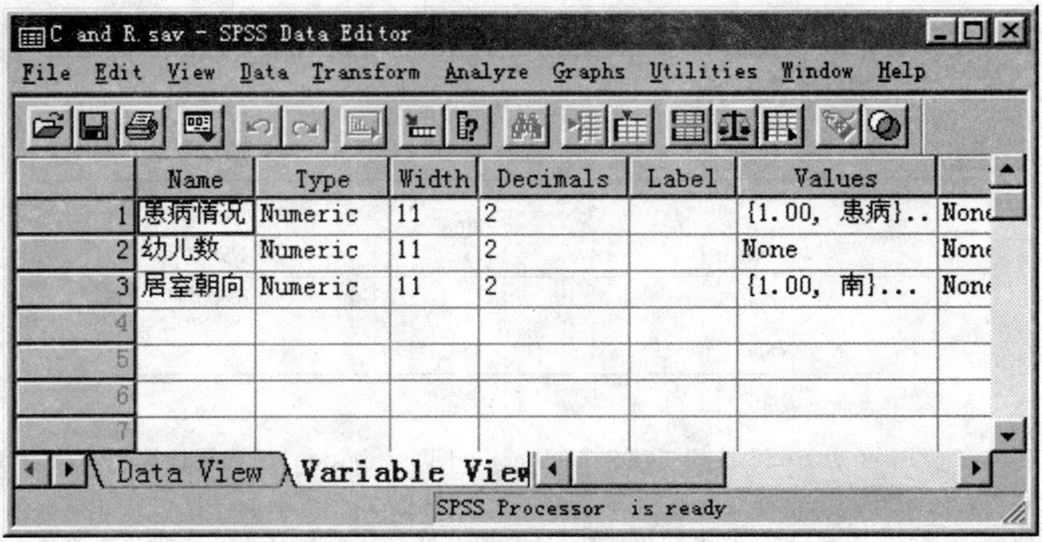

图 6.9 例 6.5 资料的变量的命名

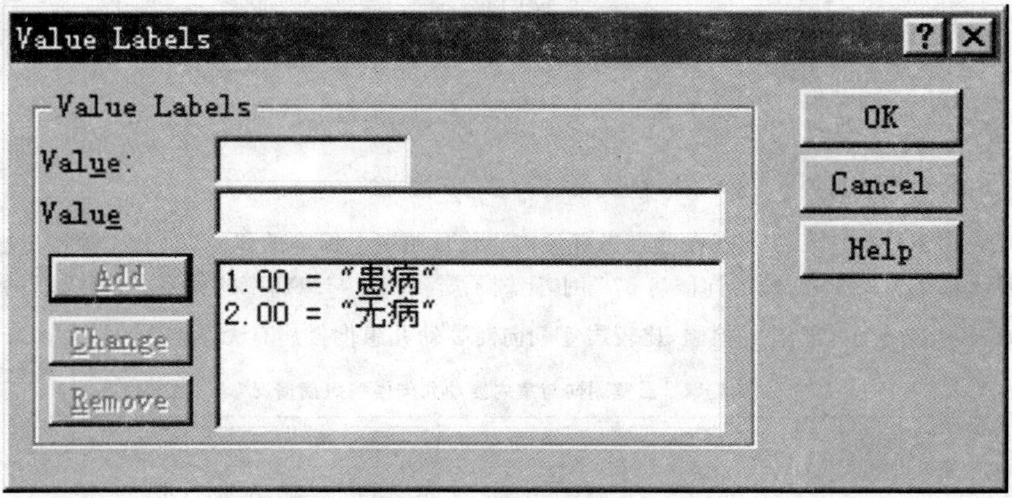

图 6.10 “患病情况”变量代码的标记

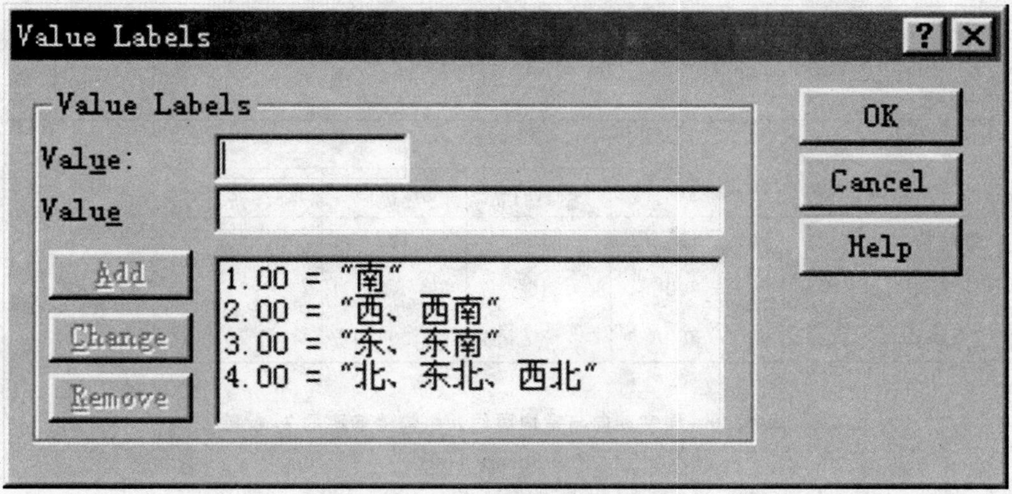

图 6.11 "居室朝向"变量代码的标记

(3) 点击工作表下方的 Data View 命令,进入"数据查看"工作表,按表 6.18 所示方式输入有关数据。具体操作见第二章有关内容。

表 6.18 例 6.5 资料的输入方式

患病情况	幼儿数	居室朝向
1	180	1
2	200	1
1	14	2
2	16	2
1	120	3
2	84	3
1	65	4
2	33	4

2. 操作与统计

单击 Data(资料)→Weight Cases(权衡观察值)命令,将变量"幼儿数"置入 Frequency Variable(频率变量)框内,然后再按图 6.3"OK"按钮。再单击 Analyze(分析)→Descriptive Statistics(描述性统计)→Cross tabs(行×行表),弹出对话框后,将变量"季节气温"置入 Row(s)(行)框内,将"效果"变量置入 Column(s)(列)框内,其余操作步骤与上类同,按如图 6.4"OK"按钮后,输出如表 6.19 和表 6.20 所示的结果。

由本例计算结果可见,χ^2(Pearson Chi-Square)=15.079,P=0.002,按水准 α=0.05,拒绝检验假设,认为居室朝向与佝偻病的发病有关。实际上也可以认为表 6.20 中 Pearson Chi-Square (χ^2)是通过下例公式计算所得

表 6.19　居室朝向与室内婴幼儿患佝偻病的关系

患病情况 * 居室朝向 Crosstabulation

Count

		居室朝向				Total
		南	西、西南	东、东南	北、东北、西北	
患病情况	患病	180	14	120	65	379
	无病	200	16	84	33	333
Total		380	30	204	98	712

表 6.20　居室朝向与室内婴幼儿患佝偻病率的 χ^2 检验

Chi-Square Tests

	Value	df	Asymp. Sig. (2 - sided)
Pearson Chi-Square	15.079[a]	3	.002
Likelihood Ratio	15.242	3	.002
Linear-by-Linear Association	14.487	1	.000
N of Valid Cases	712		

a. 0 cells (.0%) have expected count less than 5. The minimum expected count is 14.03.

$$\chi^2 = n\left(\sum \frac{A^2}{n_R n_C} - 1\right)$$

注　一般认为行(R)×列(C)计数资料的 χ^2 检验，不宜有 1/5 以上格子数或单元格(cells)的理论数(expected count)小于 5，本例没有一个单元格(或有 0%的单元格)的理论数小于 5 [0 cells (.0%) have expected count less than 5]，是符合该条件的。否则应进行合并等处理，详见有关的统计书。

二、原始数据资料的 χ^2 检验

由上可见，上述资料基本上是经过人为汇总好的资料，但在实际工作过程中，研究者多数碰到的是一个个体(或对象)研究资料，如某一患者(或被调查者)的具体情况。请看下例。

例 6.6　某医生用甲乙两种疗法治疗某病，其结果如表 6.21 所示，问甲乙两种疗法治疗效果有无统计学意义？

1. 数据输入

(1) 如图 6.12 和图 6.13 所示，在 Variable View (变量查看)工作表中，分别用 Name 命令设置四个变量："患者姓名"、"编号"、"治疗方法"和"效果"。注意点击变量"患者姓名"的 Type(变量类型)栏，将其定义为 String(字符串变量)，否则将无法输入患者的姓名。

表 6.21　甲、乙两种疗法治疗某病的情况

患者姓名	编　号	治疗方法	治疗效果	患者姓名	编　号	治疗方法	治疗效果
张××	1	乙法	无效	陈××	22	乙法	无效
赵××	2	乙法	无效	王××	23	甲法	无效
孙××	3	乙法	有效	王××	24	乙法	无效
王××	4	甲法	无效	孙××	25	甲法	无效
张××	5	甲法	有效	万××	26	甲法	无效
陈××	6	乙法	无效	王××	27	甲法	无效
赵××	7	乙法	无效	赵××	28	甲法	无效
刘××	8	甲法	有效	李××	29	甲法	无效
李××	9	乙法	无效	陈××	30	乙法	有效
张××	10	乙法	无效	张××	31	乙法	有效
张××	11	甲法	无效	李××	32	甲法	有效
李××	12	乙法	有效	王××	33	乙法	有效
孙××	13	甲法	有效	张××	34	甲法	无效
张××	14	甲法	无效	孙××	35	甲法	无效
陈××	15	乙法	无效	陈××	36	乙法	无效
史××	16	乙法	有效	史××	37	乙法	无效
孙××	17	乙法	有效	赵××	38	甲法	有效
王××	18	甲法	有效	刘××	39	乙法	有效
陈××	19	甲法	无效	陈××	40	乙法	无效
李××	20	乙法	有效	王××	41	甲法	有效
张××	21	乙法	无效	陈××	42	甲法	无效

(2) 用鼠标点击“治疗方法”变量的相应的 Values 单元格，在弹出对话框中，用 Value labels 命令对相应变量值进行标记，即用 1 表示“甲法”，用 2 表示“乙法”；用同样的方法对“效果”变量进行标记，即用 1 和 2 分别表示“有效”和“无效”（具体操作请参阅本章节例 6.1 的有关内容）。

(3) 进入 Data View（数据查看）工作表，按图 6.14 所示方式输入有关数据。输入完后，如果点击  按钮，则会显示出各变量值所代表的内容。

作为原始数据库应该建立“患者姓名”和“编号”等变量名，便于今后查验。如果仅仅是进行 χ^2 统计检验，只要有“治疗方法”和“效果”两变量即可满足要求。

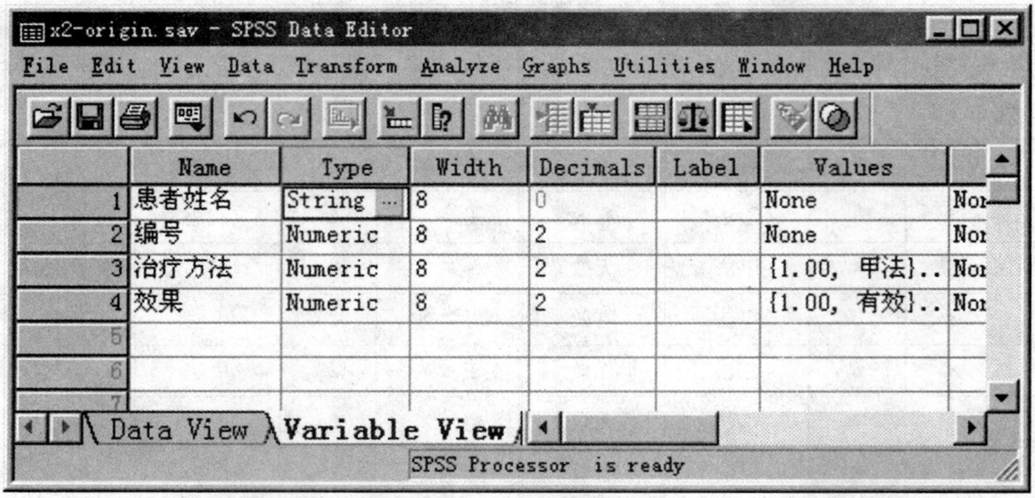

图 6.12 例 6.6 变量的命名

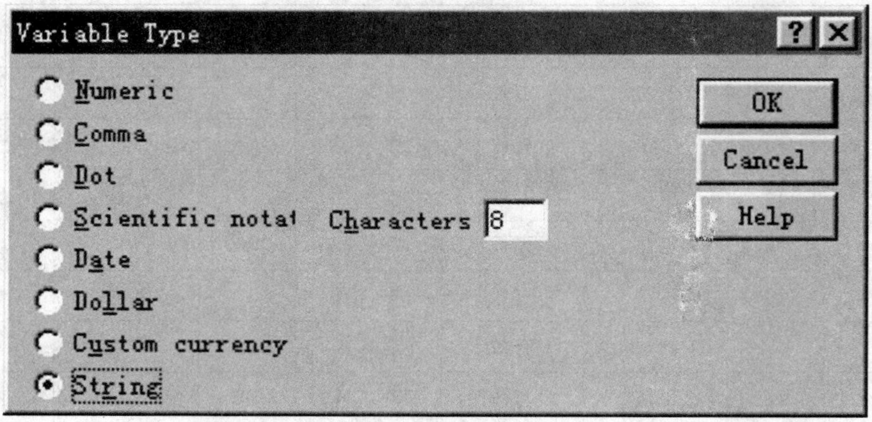

图 6.13 将变量"患者姓名"的类型定义为字符串

2. 操作与统计

单击 Analyze(分析)→Descriptive Statistics(描述性统计)→Cross tabs(行×列表),弹出对话框后,将变量"治疗方法"置入 Row(s)(行)框内,将"效果"变量置入 Column(s)(列)框内,再按"Statistics..."按钮,在弹出对话框中选中 Chi-square;按"Continue"按钮,再单击图 6.4 中"OK"按钮,则输出如表 6.22 和表 6.23 所示结果(详细操作请参阅例 6.1 的有关内容)。

由表 6.23 可见,因为 N of Valid Cases(总例数)为 42,大于 40,最小理论数(The minimum expected count)为 7.12,大于 5,所以其 χ^2 检验结果应为:χ^2(Pearson Chi-Square)=0.155,P=0.694,按水准 α=0.05,不拒绝检验假设,可以认为甲乙两种治疗方法对某病的疗效相同。

通过比较非原始数据资料和原始数据资料的 χ^2 检验可以发现,原始数据资料的 χ^2 检验除了不需使用 Data→Weight Cases 模块中的命令外,其余操作与非原始数据资料的 χ^2 检验

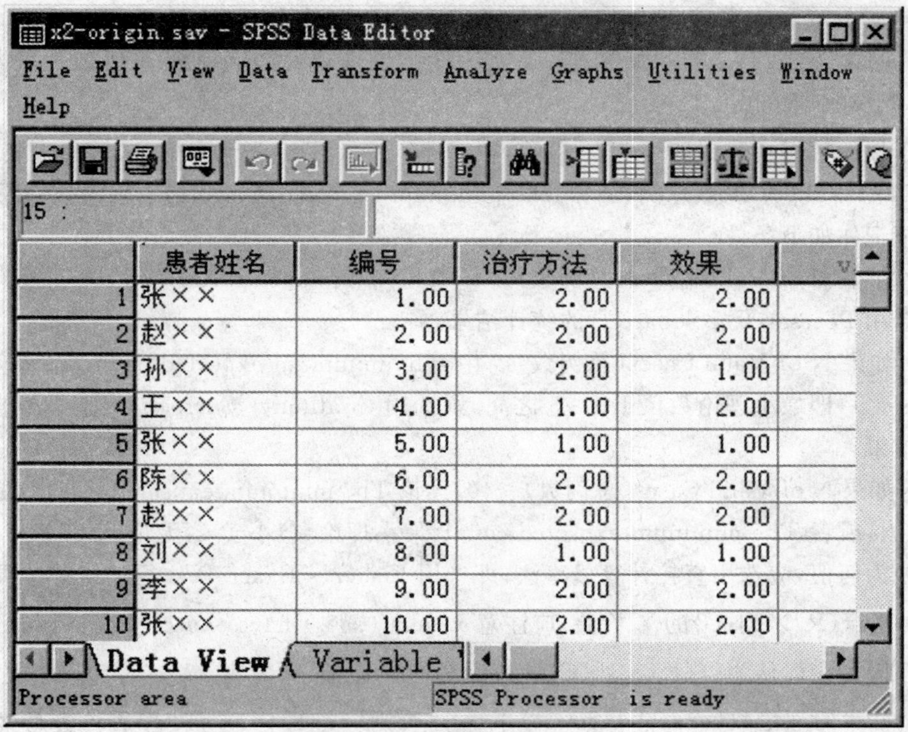

图 6.14 例 6.6 资料的输入方式

表 6.22 甲乙两种疗法治疗某病的效果

治疗方法 * 效果 Crosstabulation

Count

		效果		Total
		有 效	无 效	
治疗	甲法	7	13	20
方法	乙法	9	13	22
Total		16	26	42

表 6.23 甲乙两种疗法对某病治疗效果的 χ^2 检验

Chi-Square Tests

	Value	df	Asymp. Sig. (2-sided)	Exact Sig. (2-sided)	Exact Sig. (1-sided)
Pearson Chi-Square	.155[b]	1	.694		
Continuity Correction[a]	.006	1	.940		
Likelihood Ratio	.155	1	.693		
Fisher's Exact Test				.758	.470
Linear-by-Linear Association	.151	1	.697		
N of Valid Cases	42				

a. Computed only for a 2×2 table.

b. 0 cells (.0%) have expected count less than 5. The minimum expected count is 7.62.

没有两样。不难看出菜单 Data→Weight Cases 命令中的 Weight Cases by 及 Frequency Variable 的含义:由于是非原始数据,必须让计算机知道经过人为汇总例数为频数(Frequency)或权数(Weight)。

对于原始数据资料的四格表 χ^2 检验,在 Chi-Square Tests(卡方检验)输出表格中一定要注意 N of Valid Cases(总例数)和 The minimum expected count(最小理论数),通常用 T 表示。请记住如下条件:

(1) 如果 N of Valid Cases(总例数)>40,The minimum expected count(最小理论数)>5,则选用 Pearson Chi-Square 行的统计结果。

(2) 如果 N of Valid Cases(总例数)>40,The minimum expected count(最小理论数)<5 但大于 1,即最小理论数位于 1~5 之间,则选用 Continuity Correction(连续性校正)行的统计结果。

(3) 如果 N of Valid Cases(总例数)<40,无论 The minimum expected count(最小理论数)为何值,或者 The minimum expected count(最小理论数)小于 1,无论 N of Valid Cases(总例数)为何值,应选用直接计算概率法,即选用 Fisher's Exact Test 行的统计结果。

(4) 对行(R)×列(C)的 χ^2 检验,应注意 x cells (x%) have expected count less than 5 的提示。因为一般认为行(R)×列(C)计数资料的 χ^2 检验,不宜有 20%(1/5)以上格子数或单元格(cells)的理论数(expected count)小于 5,否则应进行合并等处理后再进行 χ^2 检验,详见有关的统计书。

SPSS 原则上是以数据库(原始数据)为基础的。对于以数据库为基础的大样本资料,用 SPSS 处理即方便又迅速,因为资料的汇总毕竟是一件繁琐的事。在日常的医学科研工作中,经常会遇到许多数据是经过人为整理后,要求进行 χ^2 检验。SPSS 可对这类资料进行 χ^2 检验时,请注意使用菜单 Data→Weight Cases 模块中的有关命令,否则将无法进行 χ^2 检验。

三、使用技巧

在实际工作中,经常会碰到某几组分别需与某一组(通常为对照组)或某两组间进行 χ^2 检验。请看下例。

例 6.7 某医生研究出三种中药配方,分别为配方Ⅰ、Ⅱ、Ⅲ,治疗胃十二指肠溃疡,用雷尼替丁作为对照,经过治疗后其结果如表 6.24 所示,问各配方与雷尼替丁相比有无统计学意义?

表 6.24 各配方治疗胃十二指肠溃疡结果

配 方	人 数	效 果
雷尼替丁	23	有效
雷尼替丁	24	无效
配方Ⅰ	34	有效

续表 6.24

配　方	人　数	效　果
配方Ⅰ	12	无效
配方Ⅱ	18	有效
配方Ⅱ	25	无效
配方Ⅲ	33	有效
配方Ⅲ	11	无效

1. 数据输入

(1) 在 Variable View (变量查看)工作表中,分别用 Name 命令设置四个变量:“配方”、“人数”、“效果”三变量。注意用鼠标点击“配方”变量的相应的 Values 单元格,在弹出对话框中,用 Value Labels 命令对相应变量值进行标记,即用 1 表示“雷尼替丁”,用 2,3,4 表示“配方Ⅰ”、“配方Ⅱ”、“配方Ⅲ”;用同样的方法对“效果”变量进行标记,即用 1 和 2 分别表示“有效”和“无效”(具体操作请参阅本章节有关内容)。

(2) 进入 Data View(数据查看)工作表,输入各自的代码及有关数据。输入完后,如果点击按钮,则会显示出各变量值(代码)所代表的内容(图 6.15)。

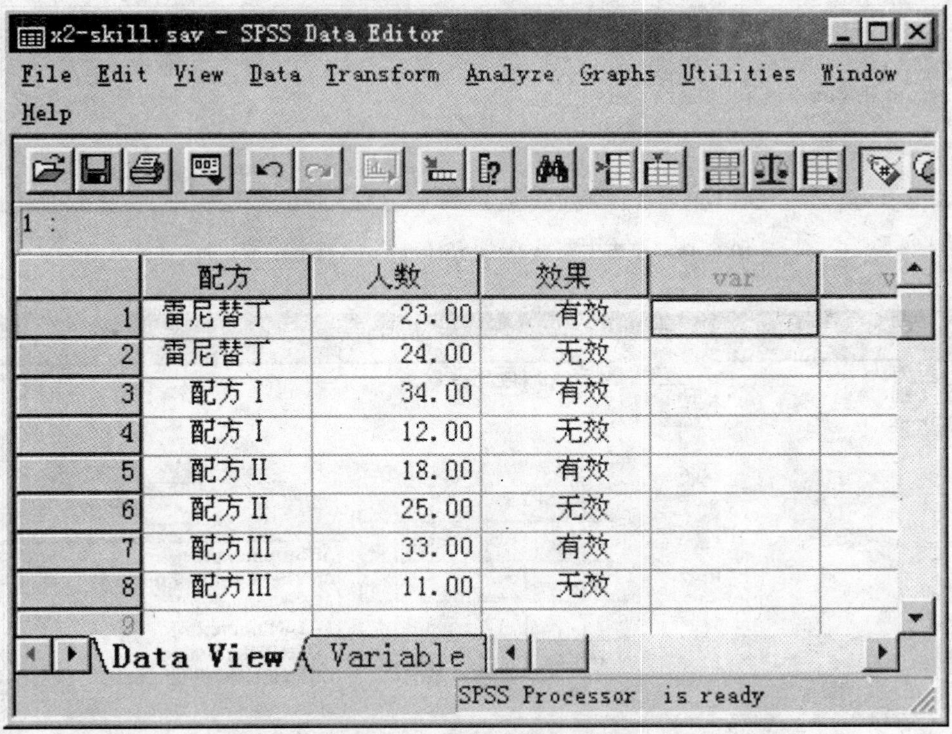

图 6.15　例 6.7 资料变量的命名及输入方式

2. 操作与统计

(1) 单击主菜单 Data(资料)→Select Cases(选择观察值)命令,弹出如图 6.16 所示对

话框，用鼠标选中 If condition is satisfied（如条件符合……），再按“If...”按钮，弹出如图 6.17 所示对话框，将变量“配方”置入右边方框内，然后用鼠标点击图上键盘，按图 6.17 所示方式输入“配方＝1 | 配方＝2”表达式，意思是“选中配方Ⅰ或配方Ⅱ组”，按“Continue”按钮。

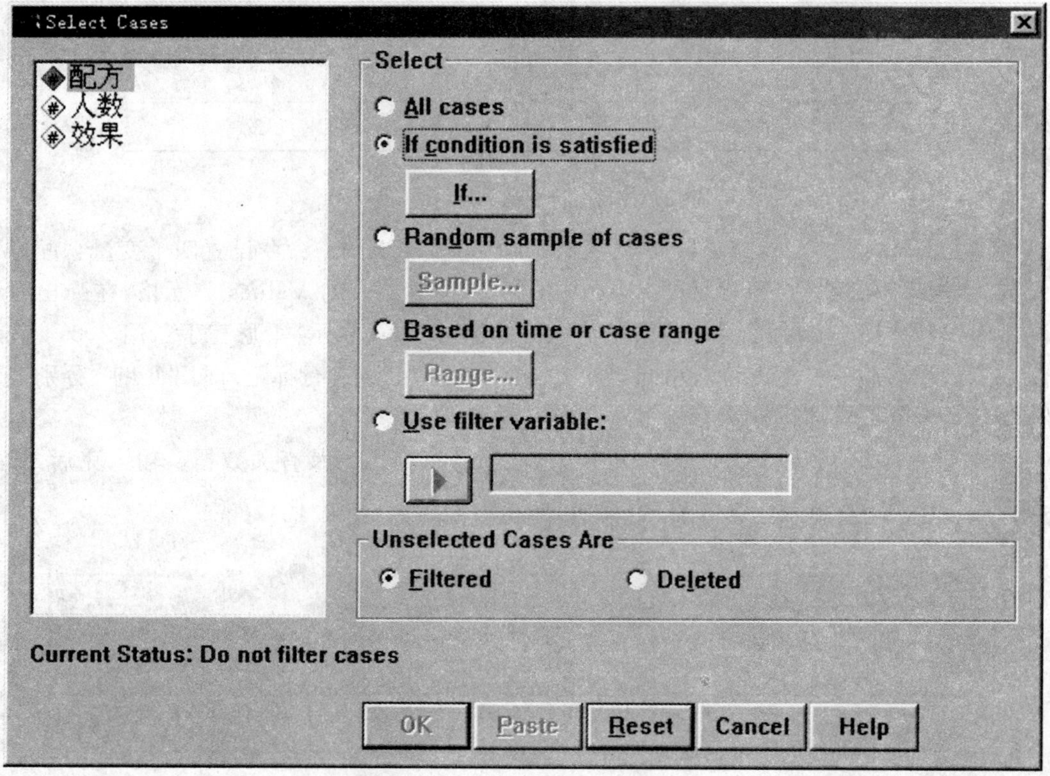

图 6.16　单击主菜单 Data→Select Cases 弹出的对话框

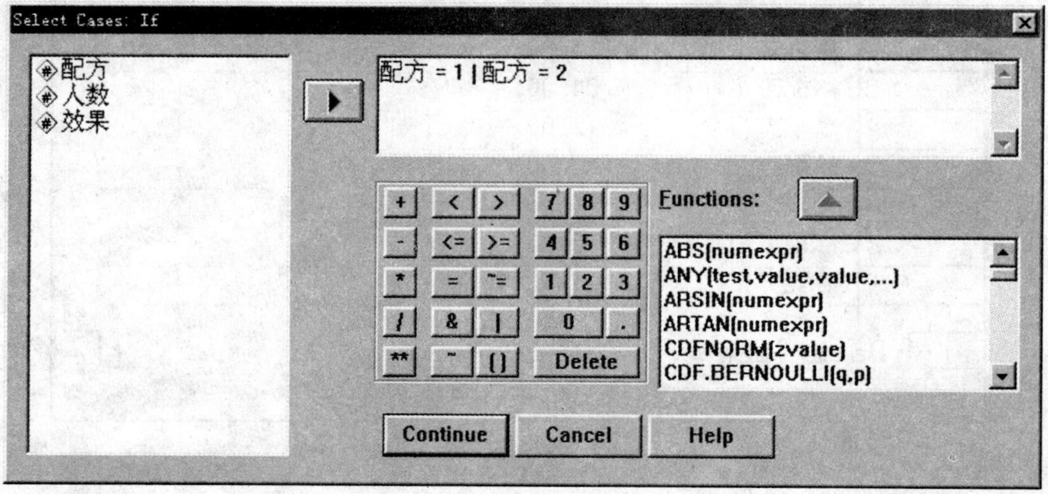

图 6.17　选中雷尼替丁(“配方”变量中的代码为 1)与配方Ⅱ(“配方”变量中的代码为 2)两组

(2) 按图 6.16“OK”按钮，则可发现在 Data View(数据查看)工作表产生了一个新变量“filter_$”，并且在未选择的配方记录号上划上反斜杆“/”。

通过上述操作不难发现，主要是利用条件语句(If condition is satisfied)产生一个过滤器(filter)变量，将暂时不需要比较的组(或配方)过滤(filter)掉(图 6.18)。

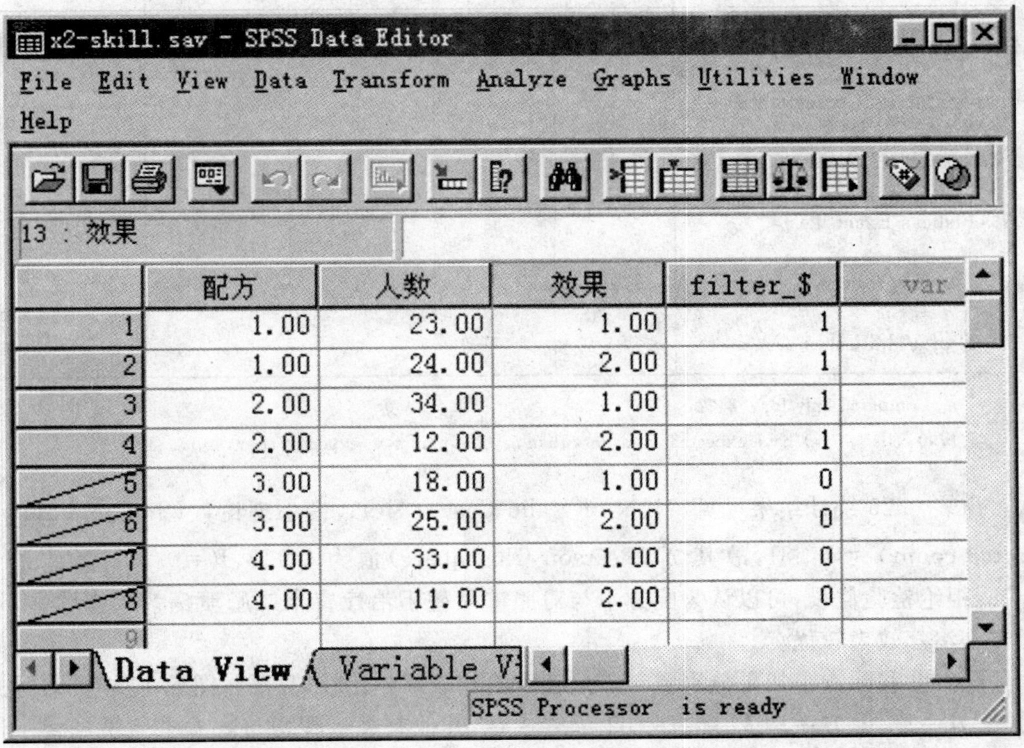

图 6.18　将暂时不需要比较的组(或配方)过滤(filter)掉

(3) 由于该资料为经过人为整理过的非原始资料，所以应单击 Data→Weight Cases 命令，将变量“人数”置入 Frequency Variable 框内，再按图 6.3“OK”按钮，使计算机“知道”其单元格中的变量值为一频数(Frequency)。

(4) 再单击 Analyze(分析)→Descriptive Statistics(描述性统计)→Cross tabs(行×列)，弹出对话框后，将变量“配方”置入 Row(s)(行)框内，将“效果”变量置入 Column(s)(列)框内，其余操作步骤与上类同，按如图 6.4“OK”按钮后，输出如表 6.25 和表 6.26 所示的结果。

表 6.25　雷尼替丁与配方 I 的治疗胃十二指肠溃疡效果

配方 * 效果 Crosstabulation

Count

		效　果		Total
		有　效	无　效	
配方	雷尼替丁	23	24	47
	配方 I	34	12	46
Total		57	36	93

表 6.26　雷尼替丁与配方 I 的治疗胃十二指肠溃疡效果 χ^2 检验

Chi-Square Tests

	Value	df	Asymp. Sig. (2-sided)	Exact Sig. (2-sided)	Exact Sig. (1-sided)
Pearson Chi-Square	6.113[b]	1	.013		
Continuity Correction[a]	5.105	1	.024		
Likelihood Ratio	6.203	1	.013		
Fisher's Exact Test				.019	.012
Linear-by-Linear Association	6.047	1	.014		
N of Valid Cases	93				

a. Computed only for a 2×2 table.

b. 0 cells (.0%) have expected count less than 5. The minimum expected count is 17.81.

由表 6.26 统计结果可见，N(N of Valid Cases)为 93，最小理论数(The minimum expected count)为 17.81，故其 χ^2 (Pearson Chi-Square)值为 6.113，P＝0.013，按水准 α＝0.05，拒绝检验假设，可以认为配方Ⅰ与对照雷尼替丁治疗胃十二肠溃疡效果有明显不同，配方Ⅰ治疗效果较优。

配方Ⅱ和配方Ⅲ如果分别要与雷尼替丁治疗效果相比较，只要将图 6.17 中的表达式改为"配方＝1｜配方＝3"或"配方＝1｜配方＝4"，其他有关步骤均与配方Ⅰ与雷尼替丁比较相同，便可完成配方Ⅱ或配方Ⅲ与雷尼替丁对胃十二肠溃疡治疗效果的 χ^2 检验工作。输出结果如表 6.27、表 6.28、表 6.29 和表 6.30 所示。

表 6.27　雷尼替丁与配方Ⅱ的治疗胃十二指肠溃疡效果

配方 * 效果 Crosstabulation

Count

		效果		Total
		有效	无效	
配方	雷尼替丁	23	24	47
	配方Ⅱ	18	25	43
Total		41	49	90

表 6.28　雷尼替丁与配方Ⅱ治疗胃十二指肠溃疡效果的 χ^2 检验

Chi-Square Tests

	Value	df	Asymp. Sig. (2-sided)	Exact Sig. (2-sided)	Exact Sig. (1-sided)
Pearson Chi-Square	.453[b]	1	.501		
ContinuityCorrection[a]	.213	1	.645		
Likelihood Ratio	.454	1	.501		
Fisher's Exact Test				.532	.322
Linear-by-LinearAssociation	.448	1	.503		
N of Valid Cases	90				

a. Computed only for a 2×2 table.

b. 0 cells (.0%) have expected count less than 5. The minimum expected count is 19.59.

由表 6.28 统计结果可见，故其 χ^2(Pearson Chi-Square)值为 0.453，P=0.501，按水准 α=0.05，不拒绝检验假设，可以认为配方Ⅱ与对照雷尼替丁治疗胃十二肠溃疡效果相同。

表 6.29　雷尼替丁与配方Ⅲ的治疗胃十二指肠溃疡效果

配方 * 效果 Crosstabulation

Count

		效果		Total
		有效	无效	
配方	雷尼替丁	23	24	47
	配方Ⅲ	33	11	44
Total		56	35	91

表 6.30　雷尼替丁与配方Ⅲ治疗胃十二指肠溃疡效果的 χ^2 检验

Chi-Square Tests

	Value	df	Asymp. Sig. (2-sided)	Exact Sig. (2-sided)	Exact Sig. (1-sided)
Pearson Chi-Square	6.522[b]	1	.011		
ContinuityCorrection[a]	5.468	1	.019		
Likelihood Ratio	6.643	1	.010		
Fisher's Exact Test				.017	.009
Linear-by-Linear Association	6.451	1	.011		
N of Valid Cases	91				

a. Computed only for a 2×2 table.

b. 0 cells (.0%) have expected count less than 5. The minimum expected count is 16.92.

由表6.30统计结果可见，N(N of Valid Cases)为91，最小理论数(The minimum expected count)为16.92，χ^2(Pearson Chi-Square)值为6.113，P=0.011，按水准$\alpha=0.05$，拒绝检验假设，可以认为配方Ⅲ与对照雷尼替丁治疗胃十二肠溃疡效果有明显不同。配方Ⅲ治疗效果较优。

由上可见，配方Ⅰ与配方Ⅲ对胃十二肠溃疡治疗效果较雷尼替丁为优，而配方Ⅱ与雷尼替丁治疗效果相同。

第七章　线性相关与回归

相关是解决客观事物或现象相互密切程度的问题，而回归则是用函数的形式表示出变量之间的依存关系。我们称“因”的变量叫自变量，习惯上用 X 表示；“果”的变量叫依(因)变量，习惯上用 Y 表示。

一、相关分析

例 7.1　某产科医生发现产妇尿液中雌三醇含量与初生儿体重有相关现象，因此检查了 31 例待产妇 24 h 的尿雌三醇含量，并记录下各产儿的体重，统计如表 7.1 所示。该医生意欲通过测定尿中雌三醇含量，发现其与初生儿体重的关系，以便对低初生体重儿采取预防性措施。

表 7.1　待产妇尿雌三醇含量与初生儿体重统计

编　号	尿雌三醇 (mg/24 h)	初生儿体重 kg	编　号	尿雌三醇 (mg/24 h)	初生儿体重 kg
1	7	2.5	17	17	3.2
2	9	2.5	18	25	3.2
3	9	2.5	19	27	3.4
4	12	2.7	20	15	3.4
5	14	2.7	21	15	3.4
6	16	2.7	22	15	3.5
7	16	2.4	23	16	3.5
8	14	3.0	24	19	3.4
9	16	3.0	25	18	3.5
10	16	3.1	26	17	3.6
11	17	3.0	27	18	3.7
12	19	3.1	28	20	3.8
13	21	3.0	29	22	4.0
14	24	2.8	30	25	3.9
15	15	3.2	31	24	4.3
16	16	3.2			

(一) 数据输入

1. 启动 SPSS 后，进入 Variable View (变量查看)工作表，分别用 Name 命令设置三个变量：“编号”、“尿雌三醇”和“初生儿重”。由于 SPSS 规定变量名的长度不能超过 8 个字符(4 个汉字)，为了便于输出结果的观察，可在变量“尿雌三醇”和“初生儿重”的相应的 Label (标记)单元格内分别输入“尿雌三醇(mg/24 h)”和“初生儿体重(kg)”，如图 7.1 所示。

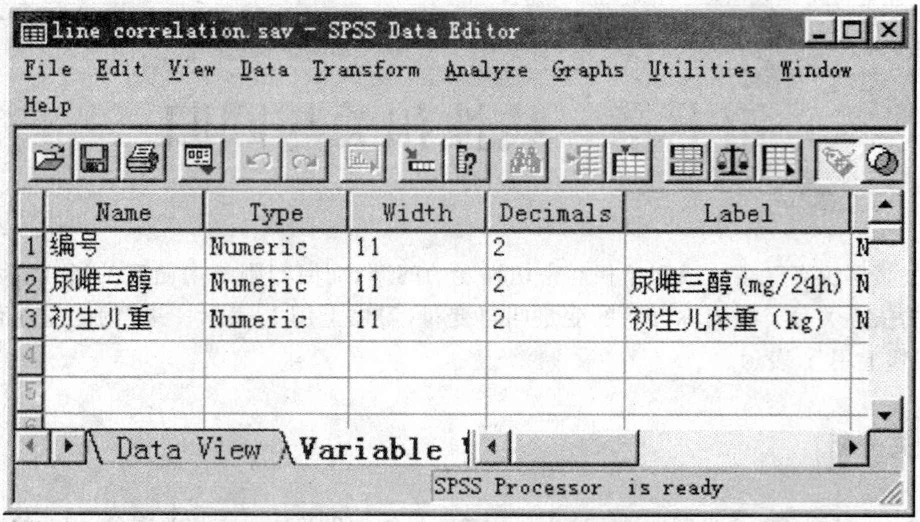

图 7.1　尿雌三醇含量与初生儿体重关系的变量命名

2. 点击工作表下方的 Data View 命令，进入“数据查看”工作表，按图 7.2 所示方式一一对应地输入有关数据，完成数据输入后切记存盘。

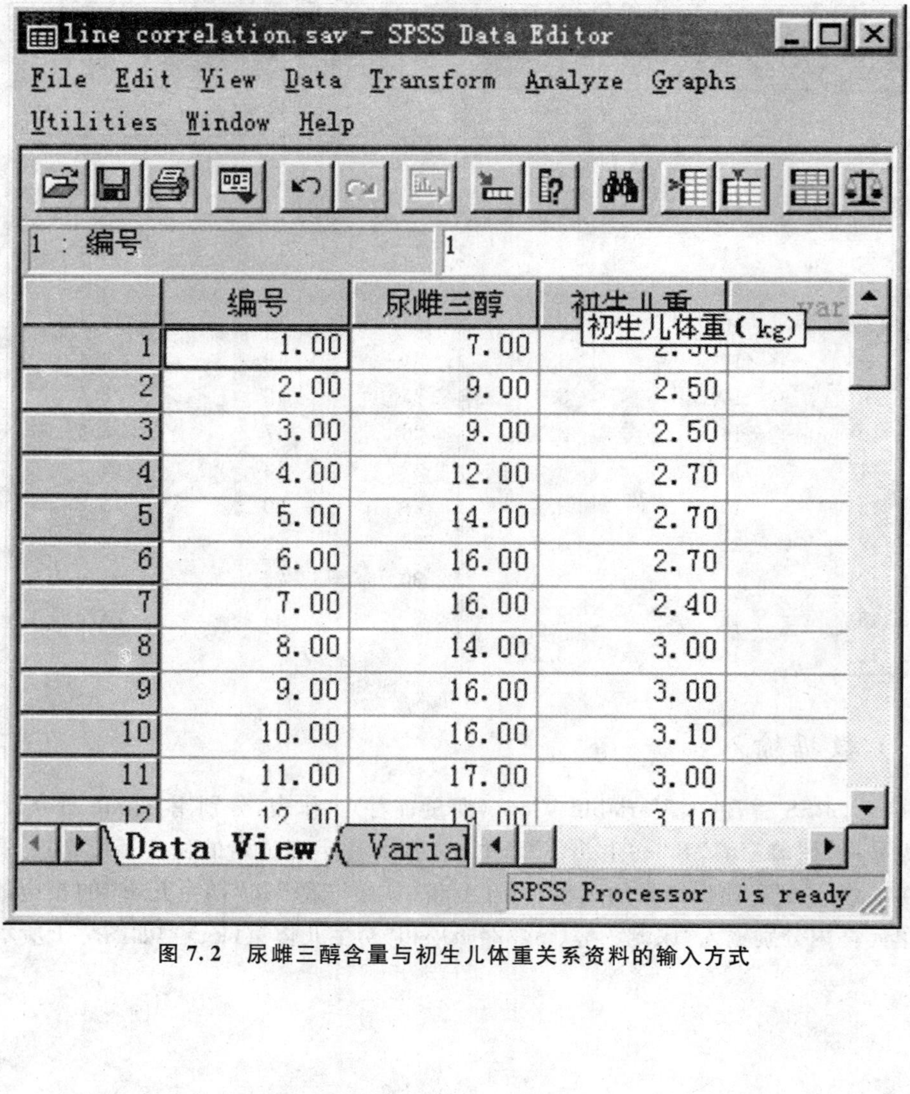

图 7.2　尿雌三醇含量与初生儿体重关系资料的输入方式

（二）操作

1. 绘制散点图。这是线性(直线)相关分析中首先应该作的第一步,以确定两变量间存在何种关系。点击主菜 Graphs(制图)→Scatter(散点图),则弹出如图 7.3 所示对话框,选中 Simple(绘简单散点图),按“Define(确定)”按钮,则弹出如图 7.4 所示对话框。

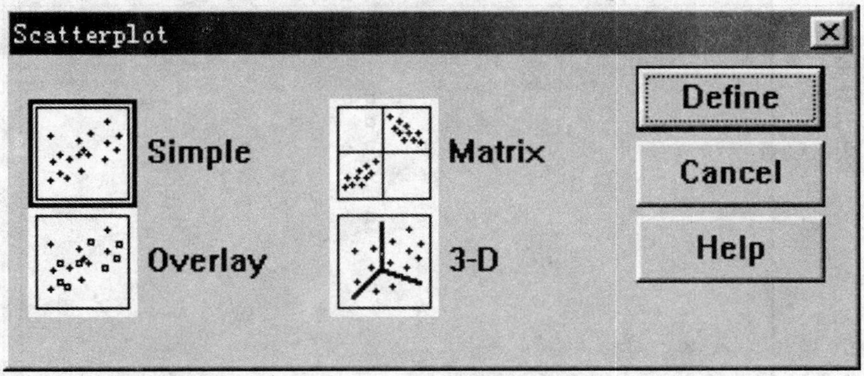

图 7.3　绘散点图选择框

2. 将变量“尿雌三醇”置入 X 轴(X axis)框内,将变量“初生儿重”置入 Y 轴(Y axis)框内(图 7.4),按“OK”按钮,则输出如图 7.5 所示散点图。

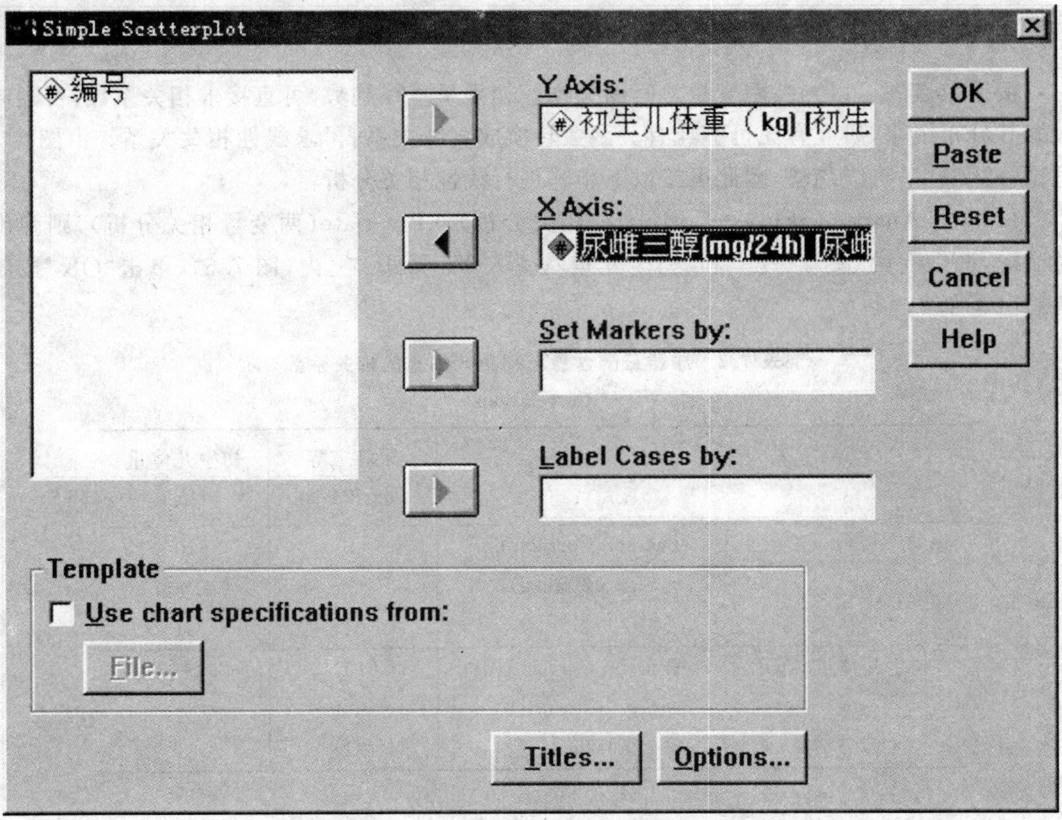

图 7.4　绘简单散点图对话框

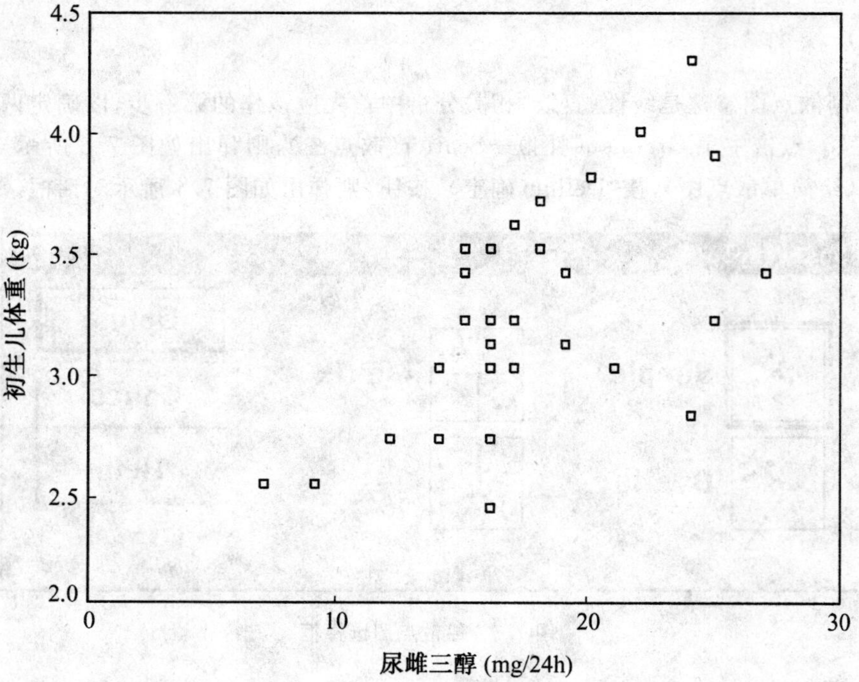

图 7.5　尿雌三醇含量与初生儿体重关系

（三）计算统计量

根据散点图可以判断两变量之间的关系。如果呈直线趋势，可直接求相关系数；否则应根据其分布规律，研究有无可能经有关函数转换成直线关系，再求线性相关关系。由图 7.5 可见，两变量呈直线趋势，因此可按以下步骤进行线性相关分析：

1. 单击 Analyze(分析)→Correlate(相关分析)→Bivariate(两变量相关分析)，则弹出对话框，选中变量"尿雌三醇"和"初生儿重"，置入 Variables 框内(图 7.6)，单击"OK"按钮则输出表 7.2。

表 7.2　尿雌三醇含量与初生儿体重的相关系数

Correlations

		尿雌三醇 (mg/24 h)	初生儿体重 (kg)
尿雌三醇(mg/24 h)	Pearson Correlation	1	.610**
	Sig. (2-tailed)	.	0.000
	N	31	31
初生儿体重(kg)	Pearson Correlation	.610**	1
	Sig. (2-tailed)	0.000	.
	N	31	31

** Correlation is significant at the 0.01 level (2-tailed).

由表 7.2 可见，SPSS 通过表格形式说明两变量间的相关关系，Pearson Correlation 即

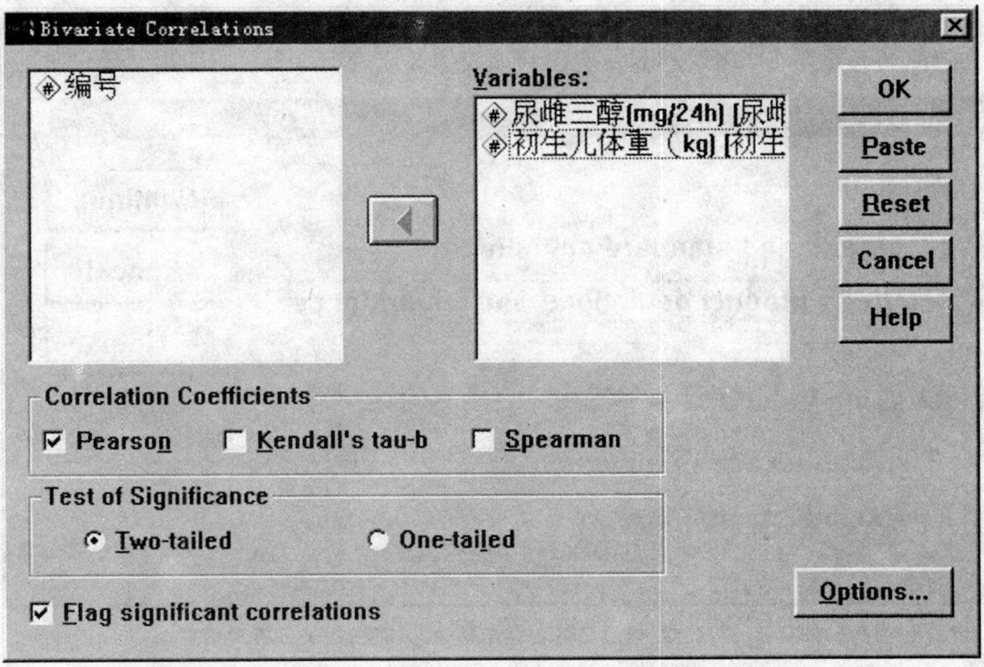

图 7.6　两变量(尿雌三醇含量与初生儿体重)相关分析对话框

为我们要求的相关系数 r,也就是由下例公式计算所得:

$$r=\frac{\sum(X-\overline{X})(Y-\overline{Y})}{\sqrt{\sum(X-\overline{X})^{2}\sum(Y-\overline{Y})^{2}}}$$

用相关系数的表示两变量关系的密切程度,其绝对值愈接近 1,其关系愈密切。不难看出,如果尿雌三醇与尿雌三醇相互求相关系数的话,自然其相关系数应为 1(完全相关),而尿雌三醇与初生儿体重的相关性系数为 0.610。

相关系数两变量 X 和 Y 是可以互换的,不分为因变量和自变量。为了进一步说明无论两变量何者为自变量(X)或因变量(Y),其计算的相关系数是相同的,SPSS 分别给出了尿雌三醇(X)与初生儿体重(Y)和初生儿体重(X)与尿雌三醇(Y)的相关关系,可以看出两者的相关系数完全一致。因此,读者只要选用某一项(或某一行)的结果即可满足需要。

关于相关系数的显著性检验,SPSS 在相关系数的输出结果中以带有上标的星号表示,"*"为 $P<0.05$,"**"为 $P<0.01$。在表 7.2 下方有一英文说明:"**. Correlation is significant at the 0.01 level (2-tailed).",其意思是:相关系数在概率为 0.01(双侧)水平具有显著性意义。也就是说本例尿雌三醇与初生儿体重的相关性系数为 0.610,并具有统计学意义(显著性意义),$P<0.01$。同时 SPSS 又给出了一个确切的 P 值,表 7.2 中 Sig. (2-tailed)行即为 SPSS 给出的确切 P 值。本例相关系数检验结果的确切 P 值近似为 0.000。所以,经对表 7.2 的分析,可以认为尿雌三醇与初生儿体重有线性相关关系,相关性系数(r)为 0.610,并具有统计学意义($P<0.01$)。

2. 如果要计算两变量的均数(Mean)和标准差(Standard deviation),可按图 7.6 中的"Options..."(选项)按钮,在弹出的对话框(图 7.7)中选中 Means and standard deviations;如果选中 Cross-product deviations and covariances (交互偏差及协方差),可求出各变量的

离均差平方和(L_{xx}或 L_{yy})以及两变量的离均差积和(L_{xy})等。选中相关的命令后,按"Continue"按钮,再按图 7.6"OK"按钮,便会得到如表 7.3 或表 7.4 所示的输出结果。

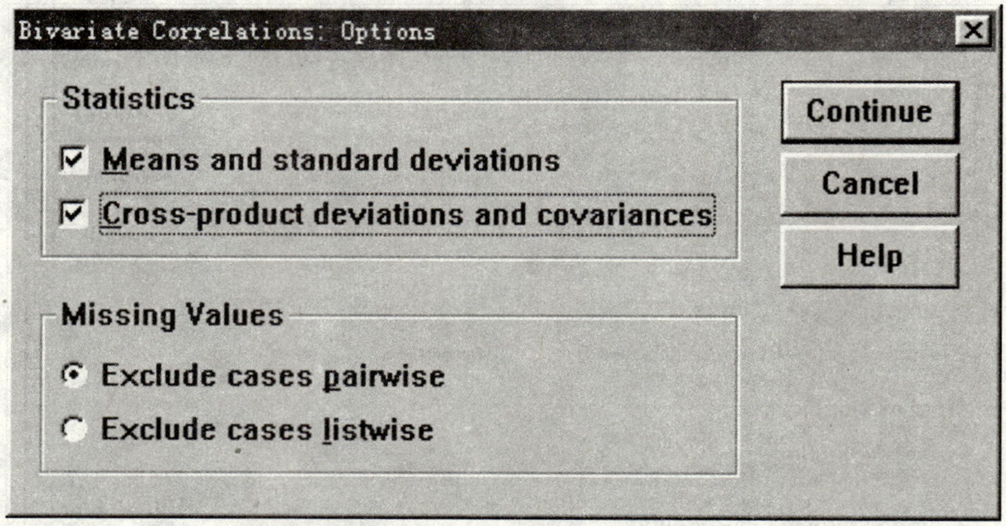

图 7.7　两变量(尿雌三醇含量与初生儿体重)相关分析对话框

表 7.3　两变量(尿雌三醇含量与初生儿体重)的描述性统计指标

Descriptive Statistics

	Mean	Std. Deviation	N
尿雌三醇(mg/24 h)	17.2258	4.7519	31
初生儿体重(kg)	3.2000	.4740	31

表 7.3 为选中图 7.7 中 Means and standard deviations 后所输出的结果,为各自变量的均数和标准差。

表 7.4　两变量(尿雌三醇含量与初生儿体重)相关分析的有关统计指标

Correlations

		尿雌三醇(mg/24 h)	初生儿体重(kg)
尿雌三醇(mg/24 h)	Pearson Correlation	1.000	.610**
	Sig. (2-tailed)	.	.000
	Sum of Squares and Cross-products	677.419	41.200
	Covariance	22.581	1.373
	N	31	31
初生儿体重(kg)	Pearson Correlation	.610**	1.000
	Sig. (2-tailed)	.000	.
	Sum of Squares and Cross-products	41.200	6.740
	Covariance	1.373	.225
	N	31	31

** 　Correlation is significant at the 0.01 level (2-tailed).

表 7.4 为选中图 7.7 中 Cross-product deviations and covariances 所输出的结果。可以发现，表 7.4 与表 7.3 的输出结果相比，增加了一些内容。由 Sum of Squares and Cross-products Covariance 项可知，尿雌三醇(mg/24 h)(X)的离均差平方和(Sum of Squares)为 677.419，相当于由公式

$$L_{xx} = \sum (X - \overline{X})^2$$

所求出的结果；初生儿体重(Y)的离均差平方和(Sum of Squares)为 6.740，相当于由公式

$$L_{yy} = \sum (Y - \overline{Y})^2$$

所求出的结果；两变量(尿雌三醇 X 与初生儿体重 Y)的离均差积和(即 Cross-products)为 41.200，相当于由公式

$$L_{xy} = \sum (X - \overline{X})(Y - \overline{Y})^2$$

所求出的结果；Covariance 称为协方差，对于单变量常称为方差(Variance)，相当于由公式

$$S = \frac{\sum (X - \overline{X})^2}{n-1}$$

所求出的结果，也就是说表中 Covariance 行的结果，分别由各自的离均差平方(或积)和除以自由度(n−1)所得。其他内容与表 7.2 意义相同，这里不再赘述。

二、回归分析

直线回归的任务在于找出两个变量有依存关系的直线方程，以确定一条最接近于各实测点的直线，使各实测点与该线的纵向平方和最小。这个方程称为直线回归方程，由此方程描绘的直线就是回归直线，一般式为：$\hat{Y} = a + bX$。现以例 7.1 说明其具体操作。

1. 数据输入

略。

2. 操作与计算统计量

(1) 绘制散点图。略。

(2) 求回归方程。由图 7.8 可见，两变量呈直线趋势，但是如何求图中这一直线的回归方程呢？可单击主菜单 Analyze(分析)→Regressions(回归)→Linear(线性)，则弹出对话框；将自变量“尿雌三醇”置入 Independent(s)(自变量)框内，将“初生儿重”置入 Dependent(因变量)框内(图 7.9)；单击“OK”按钮则输出表 7.5、表 7.6 和表 7.7。

表 7.5　回归分析的有关统计指标

Model Summary

Model	R	R Square	Adjusted R Square	Std. Error of the Estimate
1	.610[a]	.372	.350	.382 1

a. Predictors: (Constant)，尿雌三醇(mg/24 h).

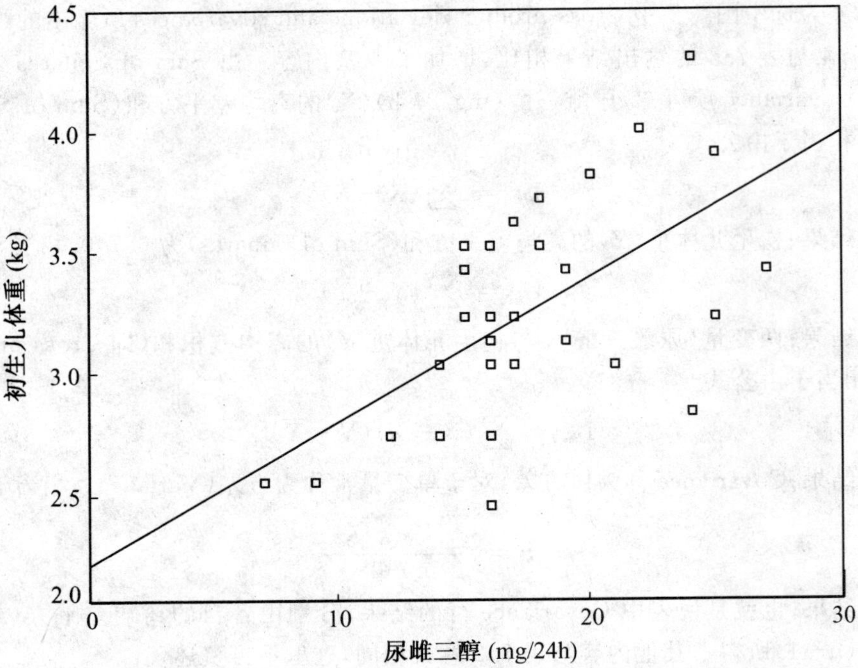

图 7.8　两变量(尿雌三醇含量与初生儿体重)回归分析散点图

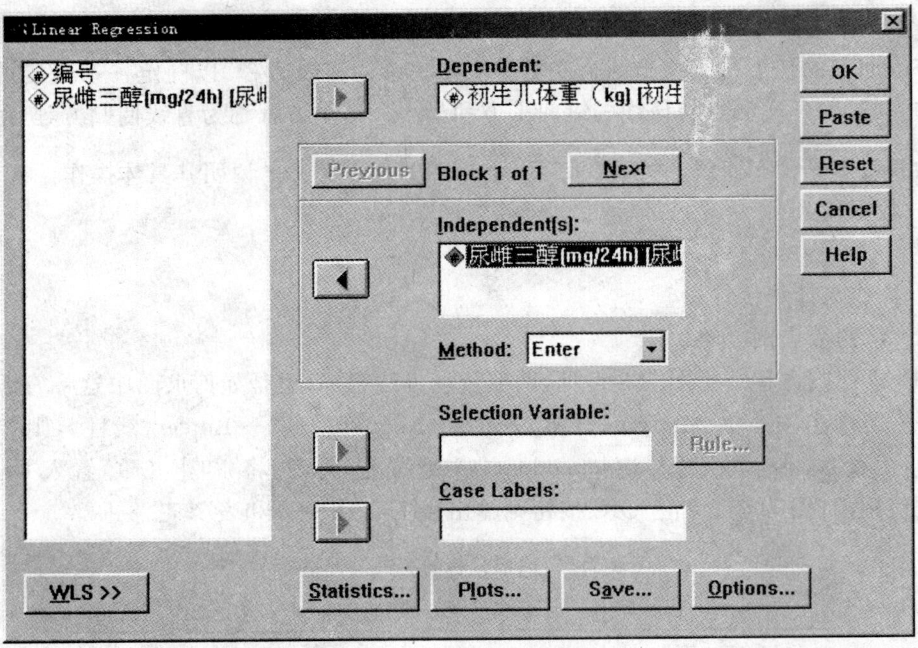

图 7.9　两变量(尿雌三醇含量与初生儿体重)回归分析对话框

在表 7.5 中，对于线性回归，R 相当于相关系数(r)，Std. Error of the Estimate（估计值的标准误）相当于 $S_{y.x}$，为各观察值 Y 距回归直线 $\hat{Y}$ 的标准差，是相当 X 的影响被扣除后 Y 方面的变异指标。由以下公式计算所得：

$$S_{y\cdot x}=\sqrt{\frac{\sum(Y-\hat{Y})^2}{n-2}}$$

表 7.6　回归系数的方差分析

ANOVA[b]

Model		Sum of Squares	df	Mean Square	F	Sig.
1	Regression	2.506	1	2.506	17.162	.000[a]
	Residual	4.234	29	.146		
	Total	6.740	30			

a. Predictors：(Constant)，尿雌三醇(mg/24 h).

b. Dependent Variable：初生儿体重(kg).

表 7.6 为回归系数的方差分析(ANOVA，Analysis of Variance)结果。由表 7.6 可见 F＝17.162，P 值(Sig.)近似为 0，回归系数有高度显著性；回归平方和(Regression Sum of Squares)为 2.506，由公式 $SS_{回}=\sum(\hat{Y}-\overline{Y})^2$ 求得；剩余平方和(Residual Sum of Squares)为 4.234，由公式 $SS_{剩}=\sum(Y-\hat{Y})^2$ 求得，反映 Y 方面的变异指标。

表 7.7　回归系数及回归系数的 t 检验

Coefficients[a]

Model		Unstandardized Coefficients		Standardized Coefficients	t	Sig.
		B	Std. Error	Beta		
1	(Constant)	2.152	.262		8.214	.000
	尿雌三醇(mg/24 h)	6.082E-02	.015	.610	4.143	.000

a. Dependent Variable：初生儿体重(kg).

在表 7.7 中，6.082E-02(6.082×10^{-2})为回归系数(Regression Coefficient)，通常用符号 b 表示，2.152 为回归方程在轴的截距，通常用符号 a 表示，因此可建立以下回归方程：

$$\hat{Y}=2.152+0.06082X$$

截距 a 的标准误为 0.262。回归系数 b 的标准误 S_b 为 0.015，其公式为

$$S_b=\frac{S_{y\cdot x}}{\sqrt{\sum(X-\overline{X})^2}}$$

0.610 是相关系数。对于相关系数(r)和回归系数(b)(本例为 0.060 82)均可用 t 检验，其效果相同，t 值均为 4.143，P 值均近似为 0。也就是说相关系数(r)与回归系数(b)的检验结果是等价的。

第八章　多元线性回归与相关

一、多元线性回归

多元线性回归是描述一个因变量 Y 与多个自变量 $X_1, X_2, \cdots, X_n$ 间的线性依存关系。多元线性回归方程的一般式为：$\hat{Y}=b_0+b_1X_1+b_2X_2+\cdots+b_mX_m$。$b_0$ 为常数项，$b_1, b_2\cdots, b_m$ 依次为相因变量对 Y 的偏回归系数。

例 8.1　某医生调查了 20 名高血压病人的舒张压及有关资料数据，结果如表 8.1 所示。其中 Y 为血压(mmHg)，X1 为年龄(年)，X2 为体重(kg)，X3 为体表面积(m^2)，X4 为患病时间(年)，X5 为脉搏次数(次/分)，X6 为紧张度。试分析各变量值与血压的关系。

表 8.1　高血压有关因素的调查

Y	X1	X2	X3	X4	X5	X6
105.00	47.00	85.40	1.75	5.10	63.00	33.00
115.00	49.00	94.20	2.10	3.80	70.00	14.00
116.00	49.00	95.30	1.98	8.20	72.00	10.00
117.00	50.00	94.70	2.01	5.80	73.00	99.00
112.00	51.00	89.40	1.89	7.00	72.00	95.00
121.00	48.00	99.50	2.25	9.30	71.00	10.00
121.00	49.00	99.80	2.25	2.50	69.00	42.00
110.00	47.00	90.90	1.90	6.20	66.00	8.00
110.00	49.00	89.20	1.83	7.10	69.00	62.00
114.00	48.00	92.70	2.07	5.60	64.00	35.00
114.00	47.00	94.40	2.07	5.30	74.00	90.00
115.00	49.00	94.10	1.98	5.60	71.00	21.00
114.00	50.00	91.60	2.05	10.20	68.00	47.00
106.00	45.00	87.10	1.92	5.60	67.00	80.00
125.00	52.00	101.30	2.19	10.00	76.00	98.00
114.00	46.00	94.50	1.98	7.40	69.00	95.00
106.00	46.00	87.00	1.87	3.60	62.00	18.00

续表 8.1

Y	X1	X2	X3	X4	X5	X6
113.00	46.00	94.50	1.90	4.30	70.00	12.00
110.00	48.00	90.50	1.88	9.00	71.00	99.00
122.00	56.00	95.70	2.09	7.00	75.00	99.00

(一) 多元回归方程

1. 数据输入

(1) 在 Variable View (变量查看)工作表,分别用 Name 命令设置变量:"Y"、"X1"、"X2"、"X3"、"X4"、"X5"和"X6"。为了便于输出结果的观察,可在这些变量的相应的 Label (标记)单元格,对各自所代表内容分别进行标记(图 8.1)。

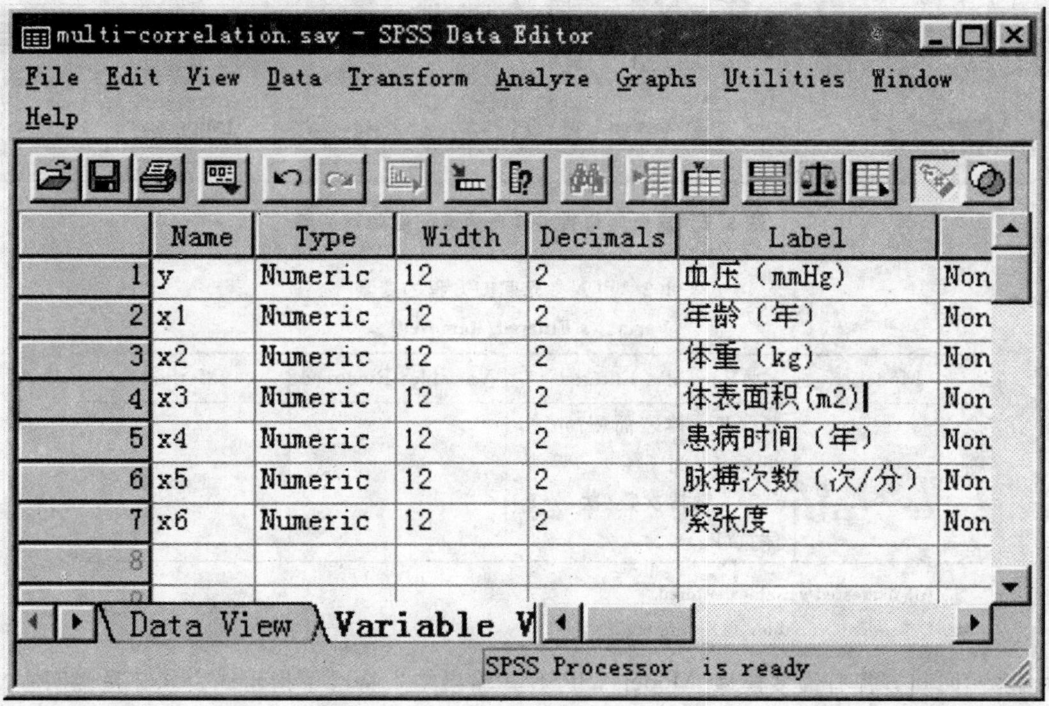

图 8.1　高血压有关变量(因素)的命名

(2) 点击工作表下方的 Data View 命令,进入"数据查看"工作表,按表 8.1 所示方式一一对应地输入有关数据,完成数据输入后切记存盘。

2. 操作

单击 Analyze(分析)→Regression(回归)→Linear(线性),则弹出对话框,将因变量 Y 置入 Dependent(因变量)框,将 X1, X2, X3, X4, X5 和 X6 变量均置入 Independent(s)(自变量)框内(图 8.2),同时使 Method(方法)下栏式选择框处于 Enter 位(通常为 SPSS 的默认方式),单击"OK"按钮,则输出表 8.2、表 8.3、表 8.4 和表 8.5。

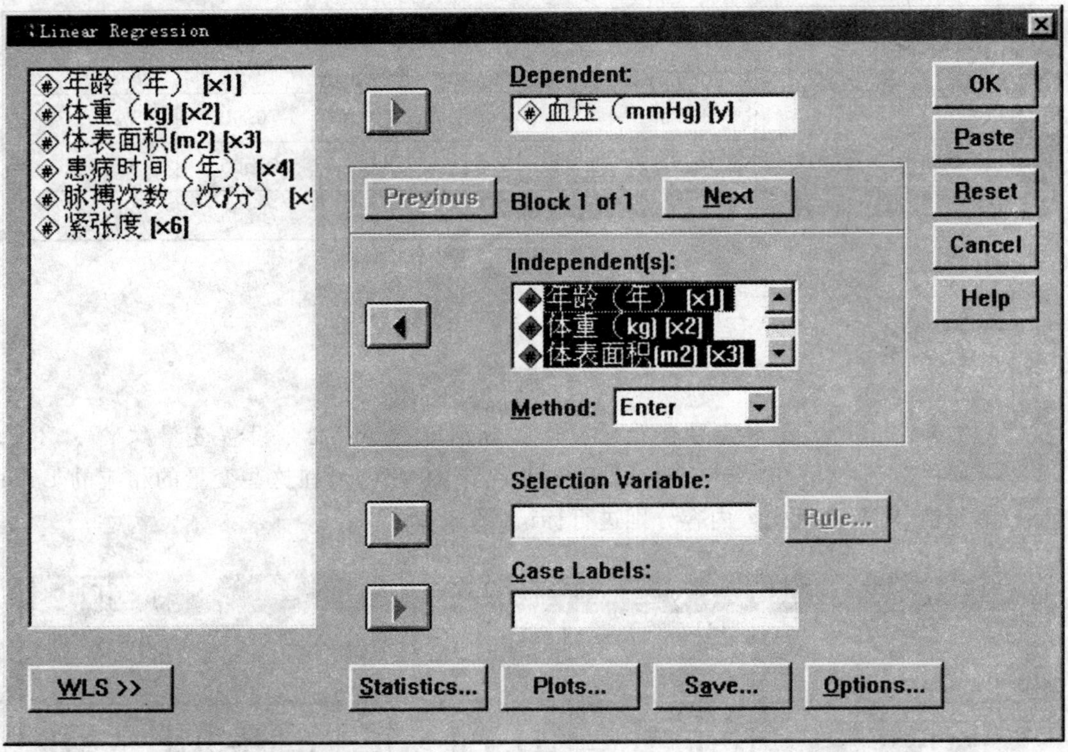

图 8.2　高血压与有关变量的多元回归对话框

表 8.2　引入多元回归方程的变量

Variables Entered/Removed[b]

Model	Variables Entered	Variables Removed	Method
1	紧张度，体表面积（m^2），患病时间（年），年龄（年），脉搏次数（次/分），体重（kg）[a]	.	Enter

a. All requested variables entered.

b. Dependent Variable：血压（mmHg）.

多元回归方程有许多模型（Model），SPSS 其输出结果特给予指出。表 8.2 是说明本次求多元回归方程的方法及有关自变量。Enter 可译为直接法，即把所有的自变量纳入回归方程，这种模式（Model）只有 1 种。

表 8.3　高血压与有关变量的复相关关系

Model Summary

Model	R	R Square	Adjusted R Square	Std. Error of the Estimate
1	.998[a]	.996	.994	.407 2

a. Predictors：（Constant），紧张度，体表面积（m^2），患病时间（年），年龄（年），脉搏次数（次/分），体重（kg）.

表 8.3 是复相关系数(R)的有关指标,表示自变量与因变量关系的密切程度以及抽样误差。

表 8.4　偏回归系数的方差分析(F 检验)

ANOVA[b]

Model		Sum of Squares	df	Mean Square	F	Sig.
1	Regression	557.844	6	92.974	560.641	.000[a]
	Residual	2.156	13	.166		
	Total	560.000	19			

a. Predictors:(Constant),紧张度,体表面积(m^2),患病时间(年),年龄(年),脉搏次数(次/分),体重(kg).
b. Dependent Variable:血压(mmHg).

表 8.4 是对偏回归系数的方差分析(F 检验),是说明偏回归系数的抽样误差大小,即是否具有统计学意义。由表可见,F=560.641,P≈0,按 $\alpha=0.05$ 的标准,说明偏回归系数有统计学意义。

表 8.5　各自变量偏回归系数的显著性检验

Coefficients[a]

Model		Unstandardized Coefficients		Standardized Coefficients	t	Sig.
		B	Std. Error	Beta		
1	(Constant)	−12.870	2.557		−5.034	.000
	年龄(年)	.703	.050	.324	14.177	.000
	体重(kg)	.970	.063	.767	15.369	.000
	体表面积(m^2)	3.776	1.580	.095	2.390	.033
	患病时间(年)	6.838E-02	.048	.027	1.412	.182
	脉搏次数(次/分)	−8.448E-02	.052	−.059	−1.637	.126
	紧张度	5.572E-03	.003	.038	1.633	.126

a. Dependent Variable:血压(mmHg).

表 8.5 是表示多元回归方程的常数项(Constant)、各自变量的偏回归系数及它们抽样误差的大小,并对各自的抽样误差的假设检验(t 检验)。因此,根据表 8.5 可建立多元回归方程:

$$\hat{Y}=-12.870+0.703X_1+0.970X_2+3.776X_3+0.068\,38X_4-0.084\,5X_5+0.005\,575X_6。$$

但是,细心的读者会发现此回归方程有一定的不足,关于它的问题将在下一节讨论。

(二) 逐步回归方程

由上节所建立的回归方程可见,它没有考虑各个自变量对回归方程的影响或贡献的大小,例如变量 X_4(患病时间)、X_5(脉搏次数)、X_6(紧张度)的偏回归系数均无统计学意义,也一并纳入回归方程,因此该回归方程不是最优回归方程。

建立最优回归方程的方法很多，常用的是逐步回归法（Stepwise）。该方法是按一定的步骤依次将自变量代入回归方程进行检验，最后选出对因变量影响最大的自变量建立回归方程，具体有关原理请参阅有关统计书。现就 SPSS 计算方法介绍如下：

1. 数据输入

略。

2. 操作

单击 Analyze（分析）→Regression（回归）→Linear（线性），则弹出对话框，将因变量 Y 置入 Dependent（因变量）框，将 X1，X2，X3，X4，X5 和 X6 变量均置入 Independent(s)（自变量）框内（图 8.3），同时使 Method（方法）下栏式选择框处于 Stepwise 位，单击“OK”按钮，则输出表 8.6、表 8.7、表 8.8 和表 8.9。

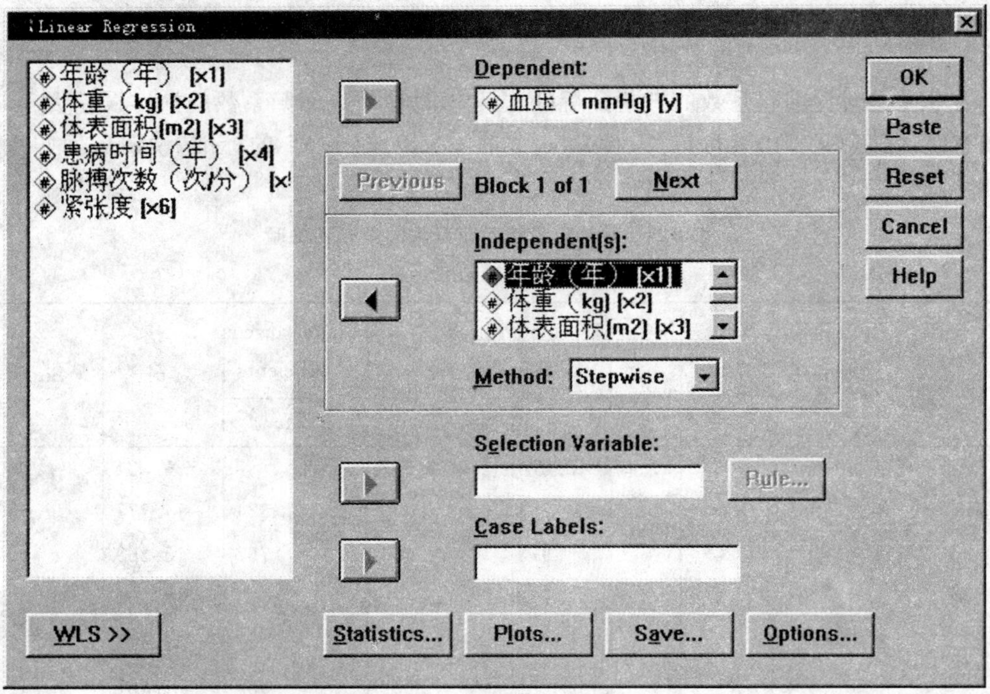

图 8.3 高血压与有关变量的逐步多元回归对话框

表 8.6 引入回归方程的自变量的步骤及标准

Variables Entered/Removed

Model	Variables Entered	Variables Removed	Method
1	体重（kg）	.	Stepwise (Criteria: Probability-of-F-to-enter <= .050, Probability-of-F-to-remove >= .100).

续表 8.6

Model	Variables Entered	Variables Removed	Method
2	年龄(年)	.	Stepwise (Criteria: Probability-of-F-to-enter <= .050, Probability-of-F-to-remove >= .100).
3	体表面积(m^2)	.	Stepwise (Criteria: Probability-of-F-to-enter <= .050, Probability-of-F-to-remove >= .100).

a. Dependent Variable:血压(mmHg).

表 8.6 是介绍回归方程引入自变量的步骤及标准。

表 8.7 自变量被引入回归方程后复相关系数的变化

Model Summary

Model	R	R Square	Adjusted R Square	Std. Error of the Estimate
1	.950	.903	.897	1.740 5
2	.996	.991	.990	.532 7
3	.997	.995	.994	.437 0

a. Predictors:(Constant),体重(kg).

b. Predictors:(Constant),体重(kg),年龄(年).

c. Predictors:(Constant),体重(kg),年龄(年),体表面积(m^2).

表 8.7 主要是说明对回归方程影响最大的变量依次引入回归方程后,复相关系数(R)的变化。复相关系数(R)是表示自变量与因变量关系的密切程度。Std. Error of the Estimate(估计标准误差)表示自变量的影响因素被扣除后,因变量本身的变异(误差)。由表 8.7可见,当“体重(kg)”,“年龄(年)”,“体表面积(m^2)”等自变量被依次引入回归方程后,其复相关系数(R)逐渐变大,估计标准误差逐渐变小。

表 8.8　各步引入影响最大的变量后的偏回归系数方差分析

ANOVA[d]

Model		Sum of Squares	df	Mean Square	F	Sig.
1	Regression	505.472	1	505.472	166.859	.000[a]
	Residual	54.528	18	3.029		
	Total	560.000	19			
2	Regression	555.176	2	277.588	978.248	.000[b]
	Residual	4.824	17	.284		
	Total	560.000	19			
3	Regression	556.944	3	185.648	971.934	.000[c]
	Residual	3.056	16	.191		
	Total	560.000	19			

a. Predictors：(Constant)，体重(kg).

b. Predictors：(Constant)，体重(kg)，年龄(年).

c. Predictors：(Constant)，体重(kg)，年龄(年)，体表面积(m^2).

d. Dependent Variable：血压(mmHg).

表 8.8 主要是说明各步引入影响最大的变量后，对其各自的偏回归系数的方差分析。Model 1 行为变量“体重(kg)”引入回归方程后，其偏回归系数的 F 检验；Model 2 行为变量“体重(kg)”和“年龄(年)”引入回归方程后，其偏回归系数的 F 检验；Model 3 行为变量“体重(kg)”、“年龄(年)”和“体表面积(m^2)”引入回归方程后，其偏回归系数的 F 检验。由表可见，变量“体重(kg)”、“年龄(年)”和“体表面积(m^2)”依次被引入回归方程时，对回归方程的影响均较显著。也就是说，变量“患病时间”、“脉搏次数”和“紧张度”的偏回归系数均无统计学意义，即对回归方程的影响不大。

表 8.9　各步引入对回归方程影响最大的变量时的偏回归系数变化及 t 检验

Coefficients[a]

Model		Unstandardized Coefficients		Standardized Coefficients	t	Sig.
		B	Std. Error	Beta		
1	(Constant)	2.205	8.663		.255	.802
	体重(kg)	1.201	.093	.950	12.917	.000
2	(Constant)	−16.579	3.007		−5.513	.000
	体重(kg)	1.033	.031	.817	33.154	.000
	年龄(年)	.708	.054	.326	13.235	.000

续表 8.9

Model		Unstandardized Coefficients		Standardized Coefficients	t	Sig.
		B	Std. Error	Beta		
3	(Constant)	−13.667	2.647		−5.164	.000
	体重(kg)	.906	.049	.717	18.490	.000
	年龄(年)	.702	.044	.323	15.961	.000
	体表面积(m^2)	4.627	1.521	.116	3.042	.008

a. Dependent Variable：血压(mmHg)。

表 8.9 主要是说明当各步引入对回归方程影响最大的变量时，有关偏回归系数的变化及 t 检验。

表 8.10　变量未纳入回归方程时的偏回归系数、假设检验及偏相关系数

Excluded Variables

Model		Beta In	t	Sig.	Partial Correlation	Collinearity Statistics
						Tolerance
1	年龄(年)	.326	13.235	.000	.955	.834
	体表面积(m^2)	.147	.962	.350	.227	.234
	患病时间(年)	.106	1.463	.162	.334	.960
	脉搏次数(次/分)	.168	1.826	.085	.405	.565
	紧张度	.131	1.913	.073	.421	.999
2	体表面积(m^2)	.116	3.042	.008	.605	.233
	患病时间(年)	.019	.784	.445	.192	.877
	脉搏次数(次/分)	−.046	−1.353	.195	−.321	.418
	紧张度	.019	.748	.465	.184	.848
3	患病时间(年)	.026	1.359	.194	.331	.866
	脉搏次数(次/分)	−.014	−.452	.658	−.116	.355
	紧张度	.021	1.073	.300	.267	.847

a. Predictors in the Model：(Constant)，体重(kg)。

b. Predictors in the Model：(Constant)，体重(kg)，年龄(年)。

c. Predictors in the Model：(Constant)，体重(kg)，年龄(年)，体表面积(m^2)。

d. Dependent Variable：血压(mmHg)。

表 8.10 是要说明各变量未引入回归方程时偏回归系数的变化及假设检验，以及偏相关(Partial Correlation)系数的变化情况。

由上可见，在求逐步回归方程时，有关的输出统计量或指标较多，有兴趣的读者可参阅有关统计书，认真研究。对于一般读者只要看表 8.9 中 Model 3 的内容就可满足要求。据此可建立逐步回归方程：$\hat{Y} = -13.667 + 0.906X_1 + 0.702X_2 + 4.627X_3$，可以认为年龄(年)、体重(kg)和体表面积($m^2$)对高血压影响最大。

逐步回归法还有向前法(Forward)和后退法(Backward)两种，SPSS 分别提供了这两种方法，有兴趣的读者可发现这两种方法的区别。

二、多元线性相关

回归方程建立以后，严格地讲只能说明变量间的依存关系，无法说明变量间的密切程度。要比较变量间的密切程度还应进行相关分析。

在多元线性相关分析中，变量间两两简单的相关关系不能说明两个变量间的真正关系。只有在其他变量保持不变的前题下，计算该两两变量的相关系数，才能体现它们间的相关关系。这种相关系数称为偏相关系数。求偏相关系数的分析，称为偏相关分析。

例 8.2 从 11 名 14～24 岁男性中所获得如表 8.11 所示胆固醇 Y(mg/100 ml)，X1 为体重(kg)，X2 为收缩压(mmHg)，试比较 X1，X2 与 Y 的密切程度有何不同？

表 8.11 胆固醇及有关资料与输入方式

Y	X1	X2
162.20	51.00	108.00
158.00	52.90	111.00
157.00	56.00	115.00
155.00	56.50	116.00
156.00	58.00	117.00
154.10	60.10	120.00
169.10	58.00	124.00
181.00	61.00	127.00
174.90	59.40	122.00
180.20	56.10	121.00
174.00	61.20	125.00

1. 数据输入

略。

2. 操作

单击 Analyze(分析)→Correlation(相关)→Partial(偏相关)，则弹出对话框，将 Y(胆固

醇)与 X1(体重)变量置入 Variables 框内,将 X2(收缩压)变量置入 Controlling(固定变量)框内(图 8.4),如果要求有关变量的均数与标准差,请单击“Options...”,选中相应的统计指标。单击“OK”按钮则输出如表 8.12 所示结果。

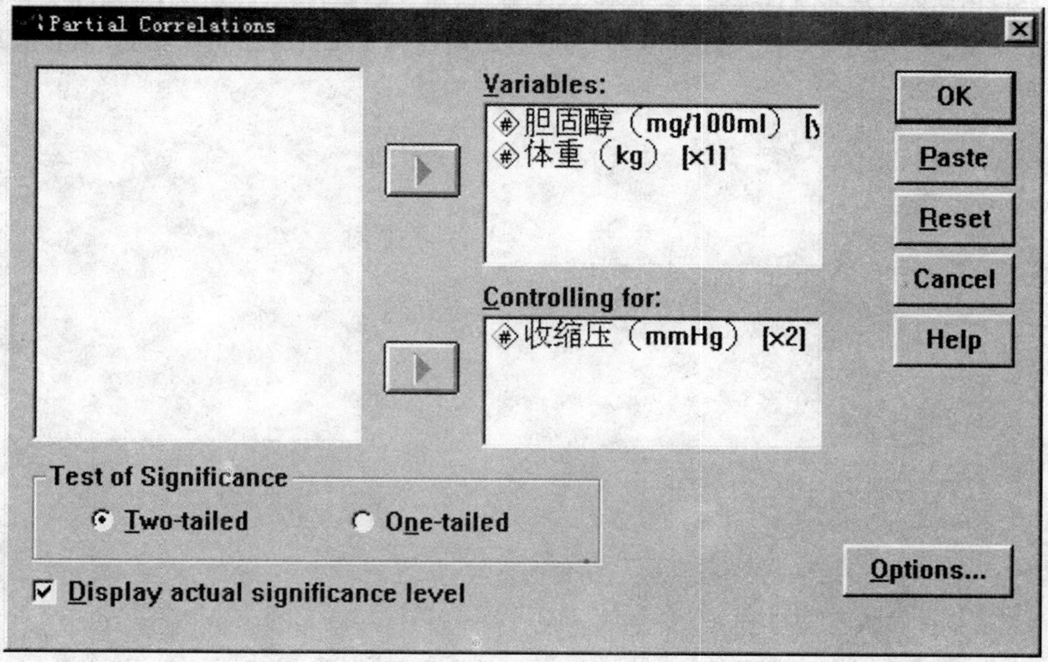

图 8.4　求收缩压(X2 变量)为固定变量时胆固醇(Y)与体重(X1)变量的偏相关系数

表 8.12　收缩压(X2 变量)固定不变时胆固醇 (Y)与体重 (X1)变量的偏相关系数

PARTIAL CORRELATION COEFFICIENTS

Controlling for.　X2

	Y	X1
Y	1.000 0 (　0) P= .	−.726 7 (　8) P= .017
X1	−.726 7 (　8) P= .017	1.000 0 (　0) P= .

(Coefficient/(D. F.)/2-tailed Significance)

“. ” is printed if a coefficient cannot be computed

表 8.12 中−0.726 7 为 Y(胆固醇)与 X1(体重)的偏相关系数(Coefficient),括号中数值为自由度(D. F.),如果为缺省值“. ”表示时,则该值无法计算(“ . ” is printed if a coefficient cannot be computed)。SPSS 对偏回归系数自动进行显著性检验,其 P 值用双侧表示(2-tailed Significance)。

由表 8.12 可见，当 X2（收缩压）固定不变时，Y（胆固醇）与 X1（体重）的偏相关系数（$r_{Y1.2}$）为－0.726 7，呈负相关性，P＝0.017。这说明当 X2（收缩压）固定不变时，胆固醇与体重呈负相关，这就是说如果血压与胆固醇或体重无关，则胆固醇与体重呈负相关关系。同样亦可用同样方法将 X1（体重）固定不变，求得 Y（胆固醇）与 X2（收缩压）的偏相关系数（$r_{Y2.1}$）为0.836 3，所以可认为当体重不变时，胆固醇与血压的关系呈正相关，而且关系密切。

第九章　统计图

一、统计图

在医学研究中，常用的图形有线图、直条图和圆形图等。

（一）线图

适用于连续性变量资料（计量资料），说明事物因时间、条件推移而变迁的趋势。常用的线图有两种：简单线图和复合线图。

1. 简单线图

例 9.1　某学者为了评价某饲料是否具有遗传毒性，选用 24 小鼠，用中剂量灌胃，分别于第一、三、五和七天各宰杀 6 只动物，观察小鼠骨髓中微核的变化，以根据剂量反应确定取样的最佳时间。

表 9.1　某饲料对小鼠骨髓微核实验结果

性　别	时　间	微核率
1.00	1.00	4.00
1.00	1.00	5.00
1.00	1.00	4.00
2.00	1.00	2.00
2.00	1.00	2.96
2.00	1.00	3.99
1.00	2.00	1.97
1.00	2.00	1.96
1.00	2.00	2.00
2.00	2.00	2.00
2.00	2.00	2.00
2.00	2.00	3.98
1.00	3.00	1.98
1.00	3.00	2.84
1.00	3.00	2.00
2.00	3.00	4.93
2.00	3.00	2.07
2.00	3.00	2.96

续表 9.1

性　别	时　间	微核率
1.00	4.00	2.89
1.00	4.00	3.00
1.00	4.00	1.85
2.00	4.00	1.93
2.00	4.00	2.00
2.00	4.00	2.85

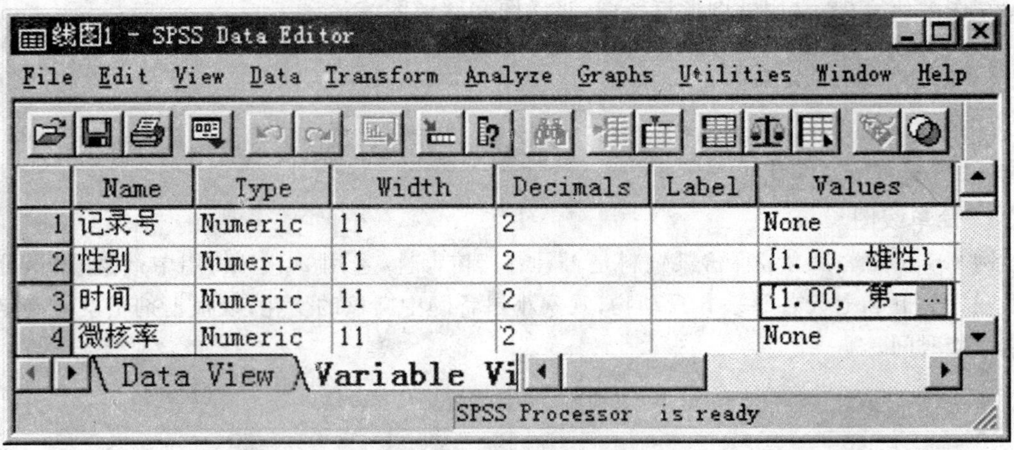

图 9.1　某饲料对小鼠骨髓微核实验结果的变量命名

(1) 数据输入:进入 Variable View(变量查看)工作表,按图 9.1 所示方式,用 Name 命令命名四个变量:“记录号”、“性别”、“时间”和“微核率”。再点击“性别”和“时间”两变量 Label(标记)的单元格,使其弹出对话框,对其变量值进行标记,如用 1 代表“雄性”,用 2 代表“雌性”;用 1、2、3 和 4 分别代表“时间”变量中第一、三、五、七天组(图 9.2 和图 9.3)。完成变量的命名后,点击 Data View(数据查看)工作表,按表 9.1 所示方式,将有关数据输入到各自变量的单元格内。

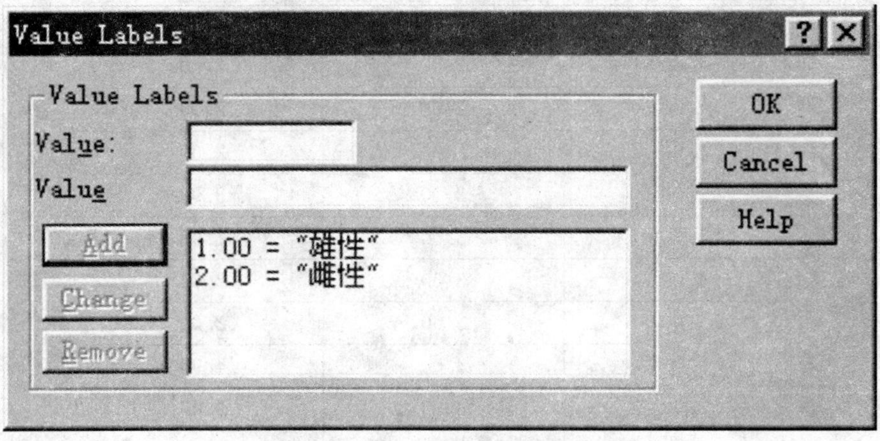

图 9.2　变量“性别”的标记

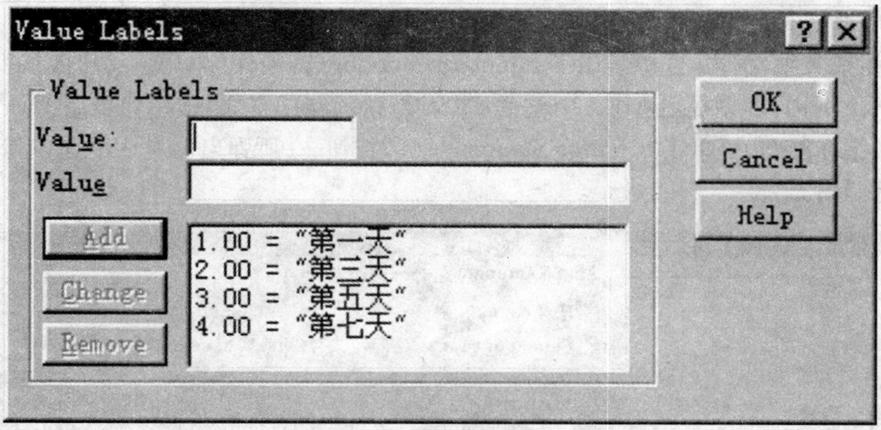

图 9.3　变量"时间"的标记

(2) 操作

① 单击主菜单 Graphs(制图)→Line(线图)命令,则弹出图 9.4 对话框,选中 Simple(简单线图)及 Summaries for groups of cases 命令(这通常为 SPSS 的默认方式)。Summaries 具有"评价、总结、汇总"的意思,Summaries for groups of cases 意思是将所选变量中的观察值(cases)进行分组(groups)后制图。由于表 9.1 资料为原始资料,即每一单元格中为一个体的具体的观察值,因此,必须按观察值某种性质(或属性)进行制图。

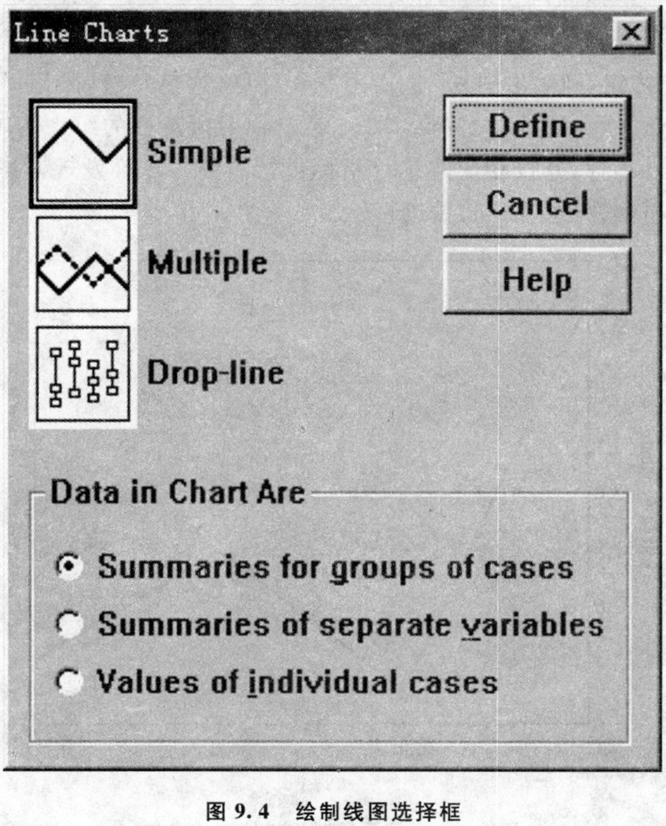

图 9.4　绘制线图选择框

② 单击图 9.4 中“Define”按钮，则弹出图 9.5 对话框，选中“时间”变量置入 Category Axis(分组或类轴)框内，选中 Other summary function(其他评价功能)，将“微核率”变量置入 Variable 框内，即刻提示 MEAN，这是 SPSS 默认的制图方式，即用均数制图。如果想用其他统计指标制图，可单击“Change Summary...”按钮，在所弹出的对话中选中其他的统计指标进行制图。

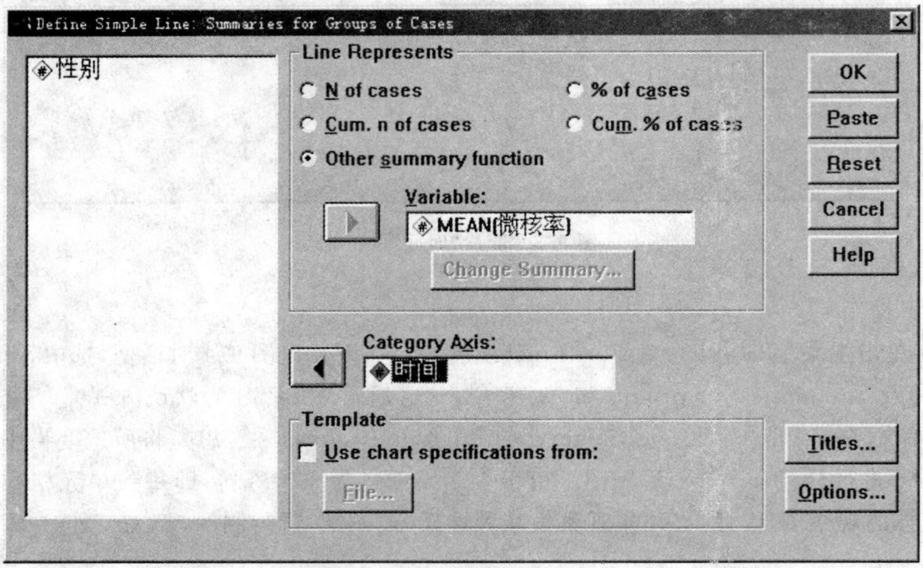

图 9.5　绘制简单线图对话框

③ 单击“OK”按钮，则输出图 9.6。由图 9.6 可见，该饲料灌胃后微核率在第一天达高峰。由上可见，对于计量(连续性)资料，SPSS 会自动对所选择的组中的观察值进行统计计算，求出相应的统计指标，并按相应的统计指标进行制图。不难发现，对于本资料 SPSS 对变量“微核率”按“时间”分组求出均数进行绘图。

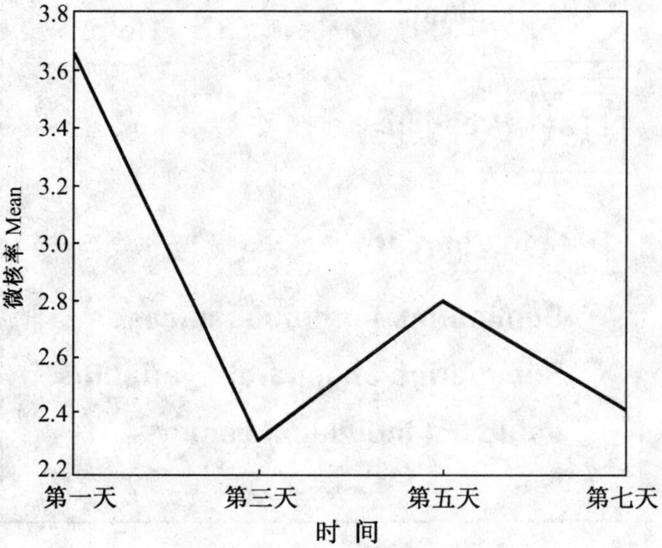

图 9.6　不同受试时间微核率的变化

在图 9.5 中为什么要选 Other summary function 呢？从 Line Represents（线图表示栏）可以看出，如果选中“N of cases”，表示用各组观察值的例数进行绘图；如果选中“% of cases”，表示用各组观察值的例数占总例数的百分比绘图；如果选中“Cum. n of cases”，则将本组及本组之前的各组观察值的例数累加起来进行绘图；如果选中“Cum. % of cases”，表示用各组观察值的累积百分率进行绘图，即将本组及本组之前的各组观察值例数的百分比加起来进行绘图。显而易见，根据本资料的目的，这些指标均不适合，这些选项多用于计数（归类）资料的制图，所以应选 Other summary function（其他评价功能）进行制图。

在日常工作中，常常会遇到已有了统计结果的数据，而无原始资料的情况。请看下例。

例 9.2 如果将例 9.1 数据经统计处理后会得到如表 9.2 所示的结果，如何用线图说明微核率随时间的变化规律？

表 9.2 某饲料灌胃后不同时间微核率比较

时 间	n	$\overline{X}\pm S$
第一天	6	3.658 3±1.037 4
第三天	6	3.318 3±0.814 2
第五天	6	2.796 7±1.132 2
第七天	6	2.420 0±0.544 7

(1) 数据输入。与上类同，注意用 1、2、3 和 4 分别代表“时间”变量中第一、三、五、七天组。

表 9.3 例 9.2 在工作表中输入方式

时 间	微核率
1	3.658 3
2	2.318 3
3	2.796 7
4	2.420 0

(2) 单击 Graphs（绘图）→Line（线图），则弹出图 9.4 对话框，选中 Values of Individual cases[根据各观察值（单元）的实际值制图]，按“Define”按钮，则弹出对话框（图 9.7），将“微核率”变量值入 Line Represents（线图代表）框内，在 Category Labels（分组标记）栏，选中 Variable，将“时间”变量置入 Variable 框内，单击“OK”按钮，则输出与图 9.6 完全相同的一张图。不要选 Case number，否则便按观察值的记录号为横坐标进行制图。

通过上述操作，不难发现选中 Summaries for groups of cases 和 Values of Individual cases 的区别，前者则是计算机根据资料属性求出某统计指标进行绘图，而后者则是根据各观察值的实际值进行绘图。对于表 9.2 资料，如果选中 Summaries for groups of cases 进行绘图，其效果与选中 Values of Individual cases 完全一样，因为，对于例 9.2 资料而言，**某一时间组的均数就是该观察值本身。**

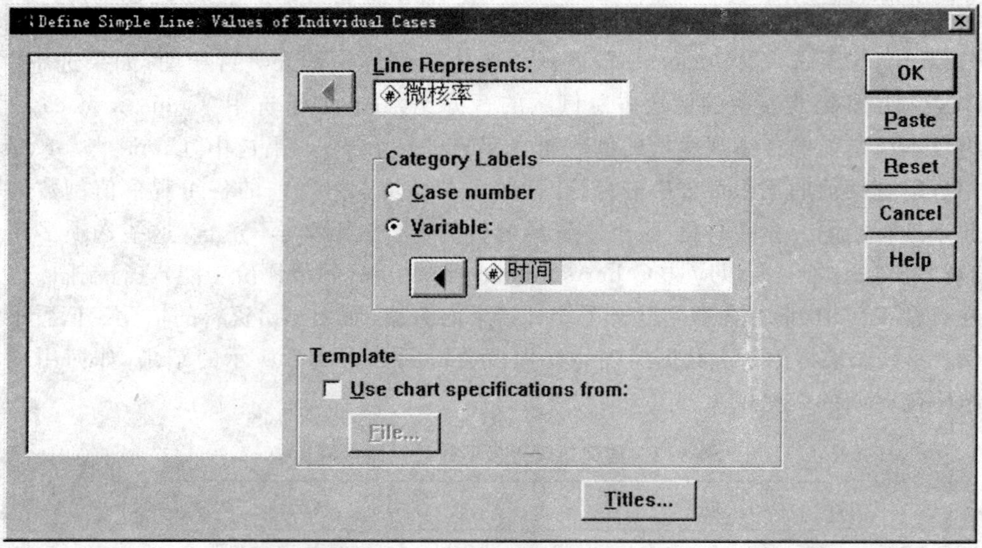

图 9.7　用实际观察值绘图对话框

2. 复合线图

所谓复合线图就是指图框中含有两条或两条以上曲线，表示不同性质或对象的某变量，随时间、条件推移而发生变化的趋势。

例 9.3　用复合线图表示例 9.1 不同性别小鼠染毒后，微核率随时间变化的趋势。

(1) 数据输入：如表 9.1 所示。

(2) 单击 Graphs(绘图)→Line(线图)，则弹出图 9.4 对话框，并选中 Summaries for groups of cases 及 Multiple(制复合图)，单击"Define"按钮，则弹出图 9.8 对话框，选中 Other summary function，将"微核率"变量置入 Variable 框内。如果想用其他统计指标制图，可单击"Change Summary..."按钮，在弹出的对话框中选中所要求的其他指标进行制图。

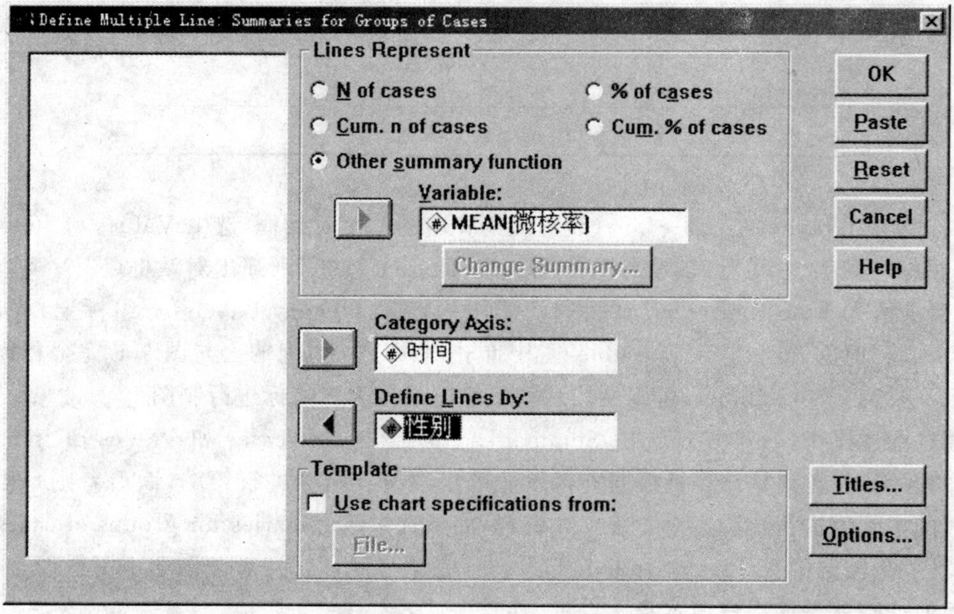

图 9.8　用不同时间、不同性别的微核均数绘图对话框

(3) 将“时间”变量置入 Category 框内，将“性别”变量置入 Define Lines by(由以下变量标记线图)，单击“OK”按钮，则输出线图 9.9。

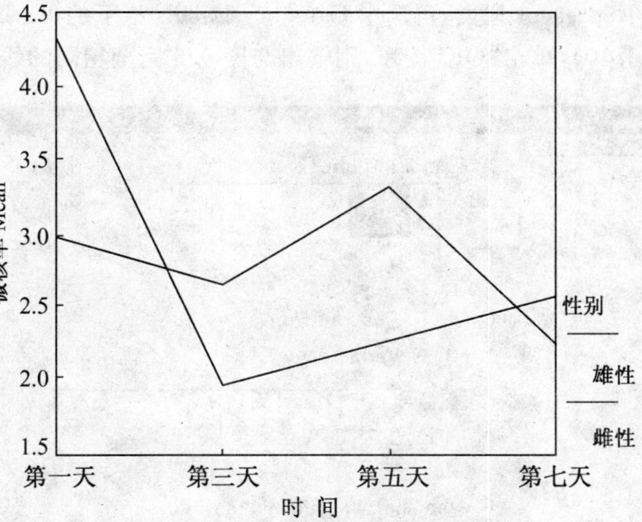

图 9.9　不同时间、不同性别的微核率(均数)变化

由图 9.8 所选内容可以看出，在绘制复合图时，应当明确 3 点：(1) 用什么变量(Variable)进行制图，即图的纵坐标是什么；(2) 计划描述哪两个变量之间的关系，或者说由什么变量对某变量进行归类(Category)统计，即图形的横坐标是什么；(3) 由于图中有两条以上的线图，每条线图各自代表什么，即用哪一个变量来定义或标记(Define Lines by)。

由上可见，SPSS 实际上是根据所选命令，对“时间”和“性别”两个属性的“微核率”自动求出均数(Mean)，并用均数进行绘图。

例 9.4　将例 9.1 资料经统计后，得到如表 9.4 所示资料，请用线图表示不同性别的小鼠骨髓微核率随时间变化的规律。

表 9.4　不同性别小鼠骨髓微核率随时间的变化($\bar{X}\pm S$)

时　间	雄　性	雌　性
第一天	4.333 3±0.577 4	2.983 3±0.995 2
第三天	1.976 7±0.020 8	2.660 0±1.143 2
第五天	2.273 3±0.490 8	3.320 0±1.463 6
第七天	2.580 0±0.634 6	2.260 0±0.512 2

(1) 数据输入。与上类同，注意用 Labels 命令对“时间”变量代码予以标记，即用 1、2、3 和 4 分别代表第一、三、五、七天组，并按表 9.5 所示方式输入数据。

表 9.5　例 9.3 数据输入方式

时　间	雄　性	雌　性
1	4.333 3	2.983 3
2	1.976 7	2.660 0
3	2.273 3	3.320 0
4	2.580 0	2.260 0

(2) 单击 Graphs→Line，则弹出图 9.4 对话框，选中 Values of Individual cases(用各自的实际值绘图)和 Multiple(制复合图)，按"Define"按钮，则弹出对话框，将变量"雄性"与"雌性"置入 Lines Represent 框内，再选中 Category Labels 栏下的 Variable 项，将"时间"变量置入该框内(图 9.10)，单击"OK"按钮，则输出与图 9.9 完全相同的线图。

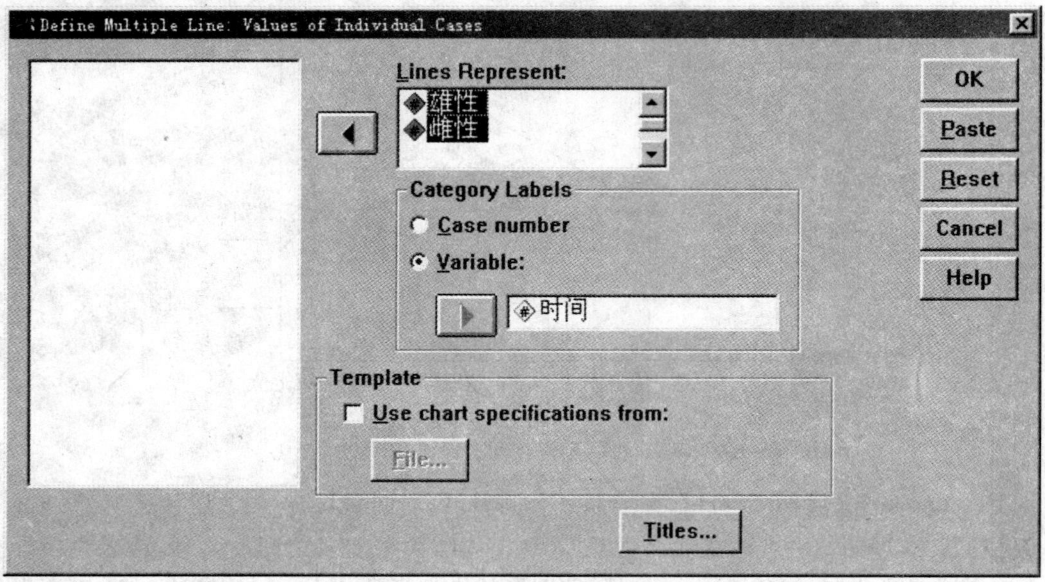

图 9.10　用实际值绘制复合线图

(二) 直条图

直条图一般用于归类(计数)资料，主要适用于彼此独立的资料互相比较。

1. 单式直条图

例 9.5　以例 3.3 资料为例，试用直条图表示某大学大学生的不同家庭收入的百分率。

(1) 数据的输入。略。

(2) 单击 Graphs(绘图)→Bar(绘条图)，则弹出图 9.11 对话框，选中 Summaries for groups of cases 和 Simple(绘简单图)图标，按"Define"按钮，则弹出如图 9.12 所示对话框。N of cases：以每组观察单位(单元)的例数制图；Cum. n of cases：以每组观察单位(单元)的累积例数(频数)制图；% of cases：以每组观察单位(单元)的例数的百分比制图；Cum. % of cases：以每组观察单位(单元)的累积百分比制图。本例要求用百分比制图，因此选中% of cases。

(3) 将"家庭收入"变量置入 Category 框内，弹击"OK"按钮，则输出图 9.13。

由上不难发现 Summaries for groups of cases 功能，即当所选变量无其他变量约束(define)时，SPSS 可按此命令自动地将所选变量单元格中相同的代码或数归为一组计数，并按总例数计算相应指标。例如，某变量如有以下代码：1,1,1,1,5,5,5,5，各自代表某事件发生 4 次，所占构成比为 50%。

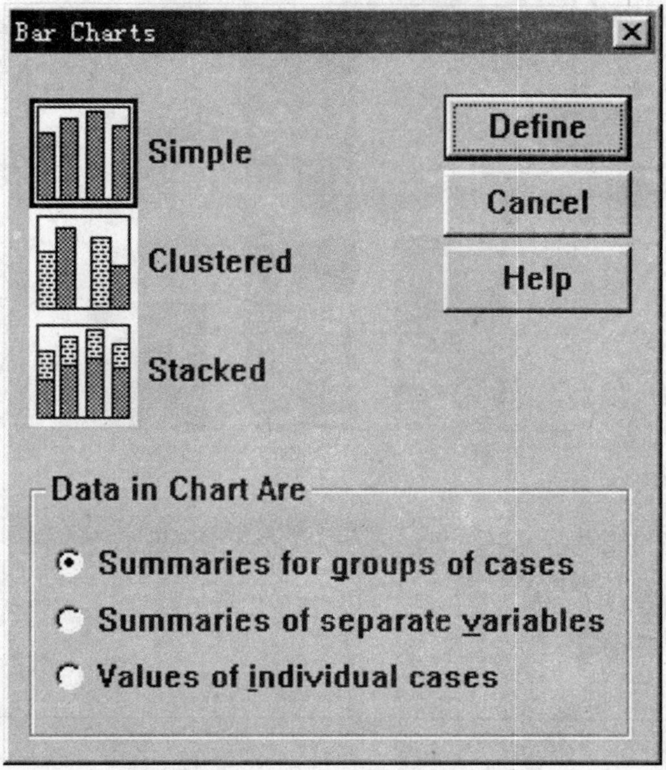

图 9.11　绘制直条图的选项框

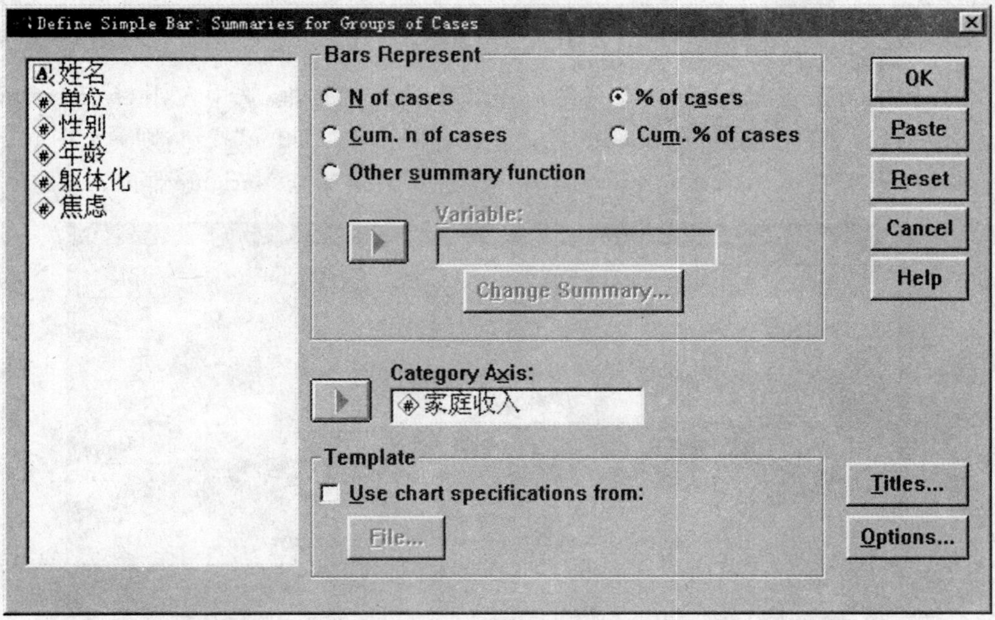

图 9.12　求不同“家庭收入”的百分比对话框

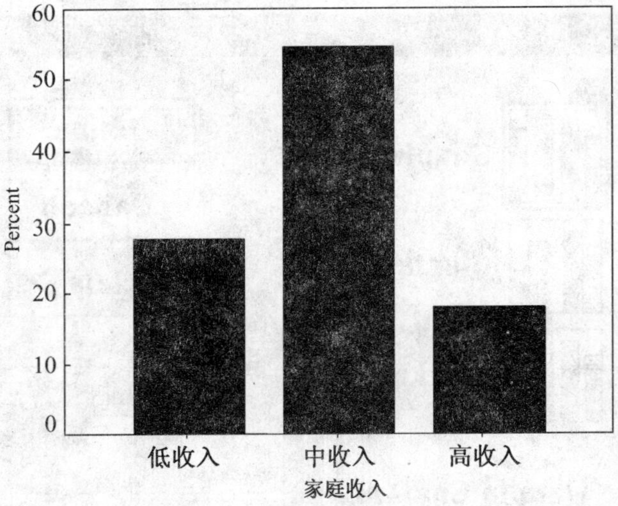

图 9.13 不同"家庭收入"的百分比

例 9.6 日常生活中会遇到许多经过统计加工的数据，如表 9.6 所示，请用直条图表示不同家庭收入的百分率。

表 9.6 资料与输入方式

家庭收入	百分率
低收入	27.5
中收入	54.5
高收入	18.0

(1) 数据输入：略。

(2) 单击 Graphs(绘图)→Bar(条图)，弹出图 9.11 对话框，选中 Values of Individual cases(用各自的实际值绘图)及 Simple(绘简单图)图标，按"Define"按钮，则弹出图 9.14 对话框，将"百分率"置入 Bars Represent 框内，将"家庭收入"置入 Variable 框内。

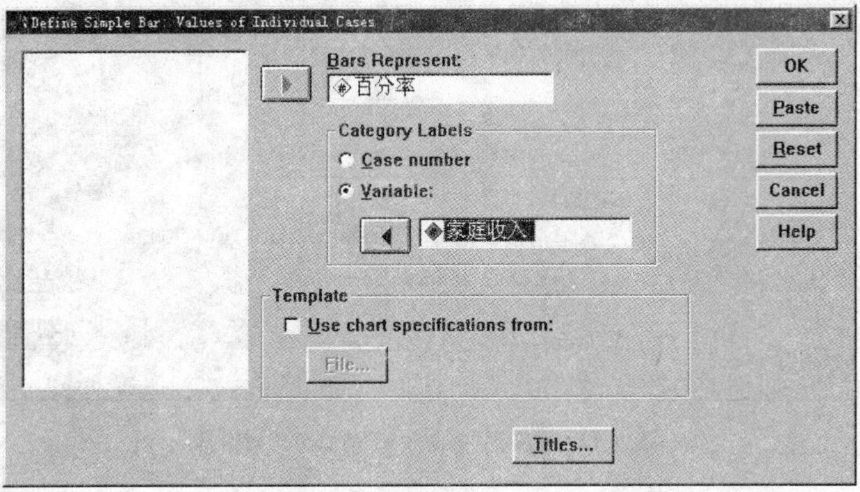

图 9.14 用各自变量的实际值绘简单直条图对话框

(3) 单击“OK”按钮则输出图 9.13。

2. 复式直条图

例 9.7 以资料例 3.3 为例，试用直条图比较某大学不同学院家庭收入中低收入、中收入和高收入所占的百分率。

(1) 数据输入：略。

(2) 单击 Graphs(绘图) →Bar(绘条图)，弹出图 9.11 对话框，选中 Summaries for groups of cases 及 Clustered 图标，按“Define”按钮，则弹出图 9.15 对话框。

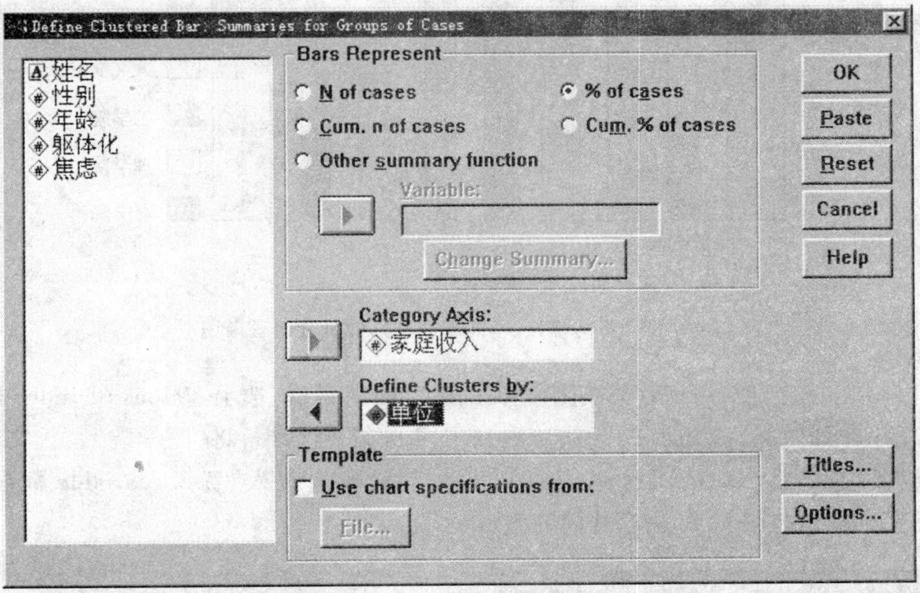

图 9.15 绘制不同单位、不同家庭收入的百分比复式直条图

(3) 选中% of cases，将“家庭收入”置入 Category Axis 框内，将“单位”置入 Define Clustered by 框内。该步的意思是：将该资料先按“家庭收入”分组(Category 的功能)，再通过“单位”变量确定每一单位的每一种家庭收入的人数(Define Clustered by 的功能)，以每单位(组)“家庭收入”例数为分子，以总例数为分母求百分比制图(% of cases 功能)。单击“OK”按钮，则输出图 9.16。

例 9.8 将资料汇总后，求得各学院不同家庭收入的百分比(%)，如表 9.7 所示，请用复式直条图比较其分布情况。

表 9.7 不同家庭收入的百分比(%)及输入方式

家庭收入	医学院	人文学院	工学院	理学院	农学院
低收入	27.30	31.60	16.70	28.90	31.00
中收入	50.00	52.60	70.80	50.00	54.80
高收入	22.70	15.80	12.50	21.10	14.30

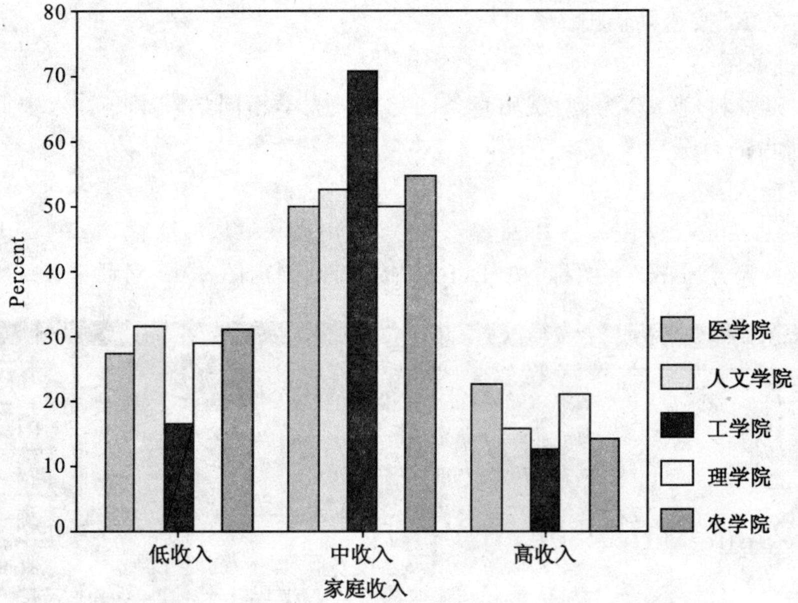

图 9.16　不同单位、不同家庭收入的百分比直条图

单击 Graphs(绘图)→Bar(绘条图),弹出图 9.11 对话框,选中 Values of Individual cases 及 Clustered 图标,按"Define"按钮,则弹出图 9.17 对话框,将"医学院"、"人文学院"、"工学院"及"理学院"置入 Bars Represent 框内,将"家庭收入"置入 Variable 框内,单击"OK"按钮则输出与图 9.16 完全相同的图形。

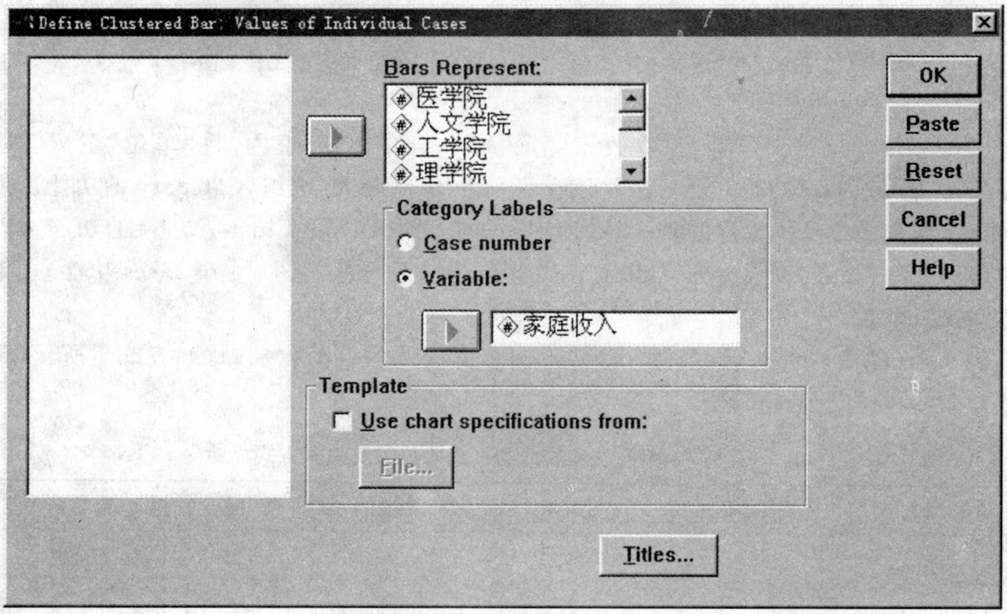

图 9.17　用实际值绘制不同单位、不同家庭收入的百分比对话框

（三）圆形图

是以圆的半径将圆面分割成多个大小不等扇形来表达构成比。

例 9.9 资料如例 3.3 所示，请用圆形图比较不同家庭收入的构成比(%)。

1. 数据输入：略。

2. 单击 Graphs(绘图) →Pie(绘圆图)，弹出图 9.18 对话框，选中 Summaries for group of cases，按“Define”按钮，则弹出图 9.19 对话框，将“家庭收入”置入 Define Slices by 框内，选中% of cases，单击“OK”按钮则输出图 9.20。

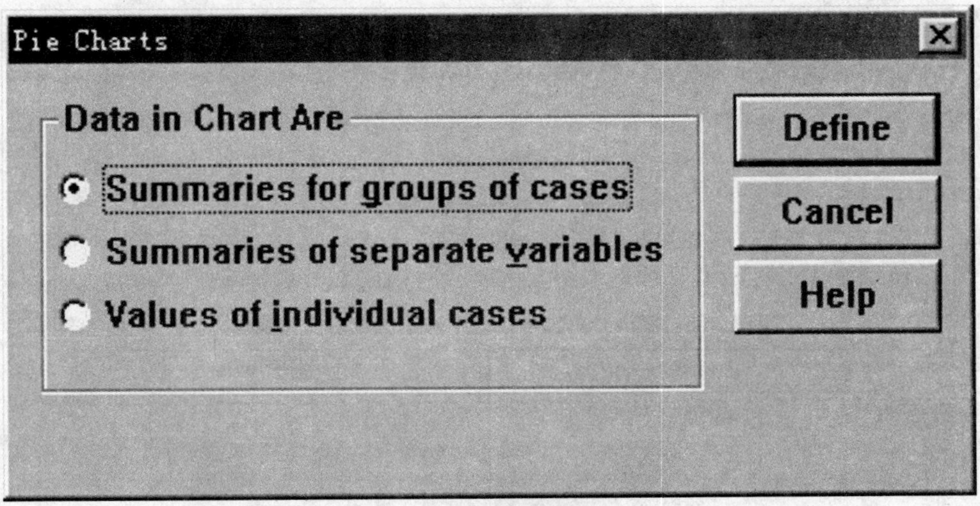

图 9.18 绘制圆形图选项对话框

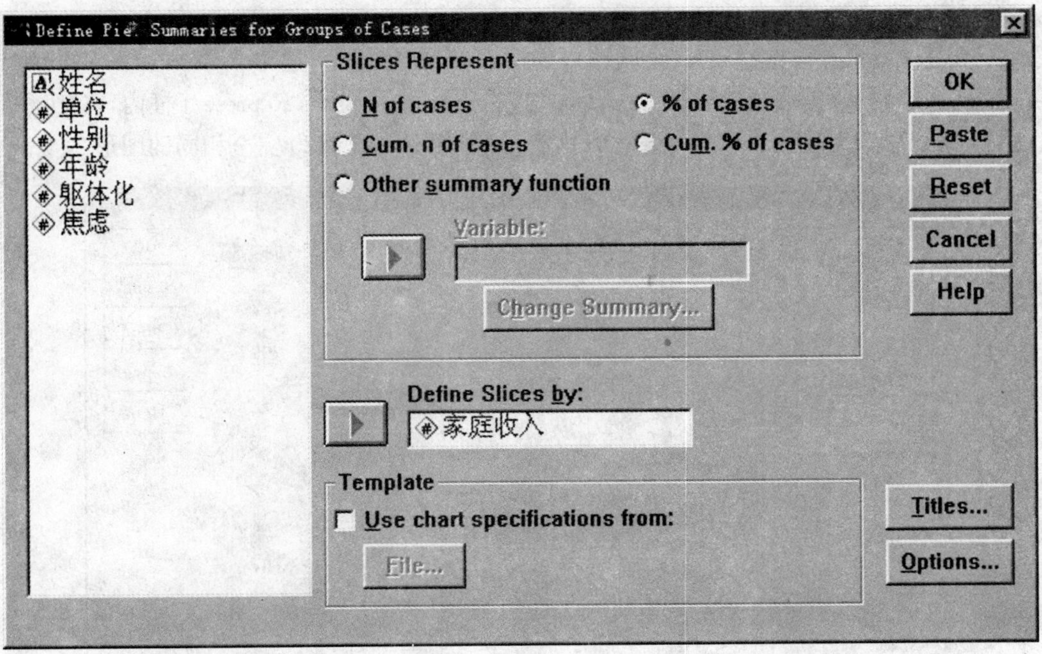

图 9.19 绘不同家庭收入构成的圆形图对话框

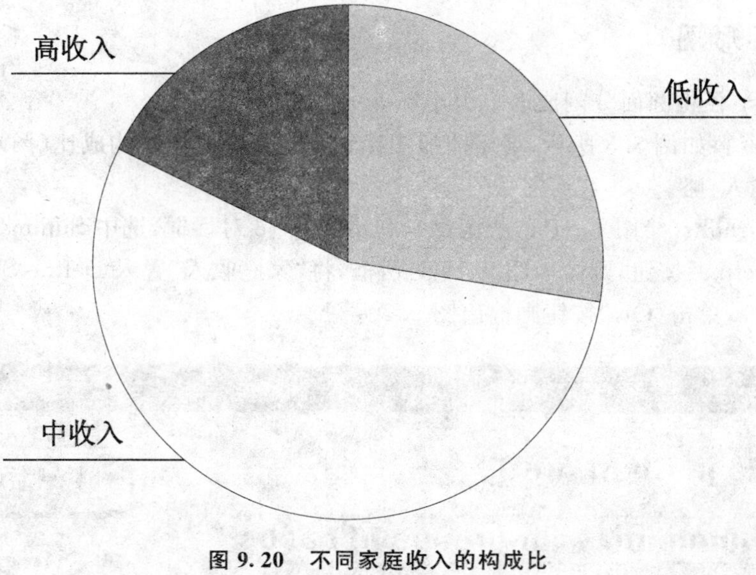

图 9.20　不同家庭收入的构成比

例 9.10　如将资料经汇总求得不同家庭收入的构成比(%)，如表 9.8 所示。

表 9.8　不同学院大学生的不同家庭收入的构成比

家庭收入	百分比
低收入	27.5
中收入	54.5
高收入	18.0

1. 输入数据：略。

2. 单击 Graphs(绘图)→Pie(绘圆图)，弹出图 9.18 对话框，选中 Values of individual cases，按"Define"按钮，则弹出图 9.21 对话框，将"构成比"置入 Slices Represent 框内，将"工种"置入 Slice Labels 栏中 Variable 框内，单击"OK"按钮则输出与图 9.20 完全相同的图形。

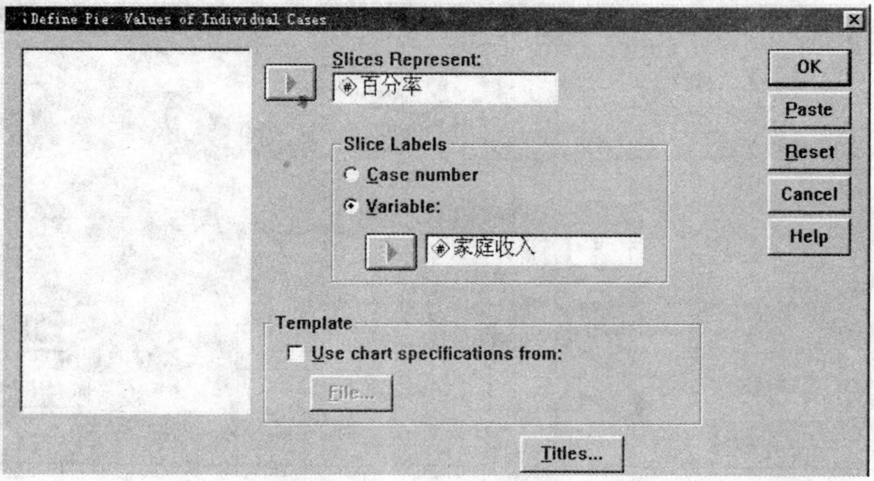

图 9.21　用观察值的实际值绘制圆形图对话框

二、使用技巧

在使用技巧中，主要着重于图形的编辑，其内容比较多。这里重点只以线图为例作一简单的介绍。具体作法是首先选中图形双击，即刻进入图形编辑器。编辑器中常用的两个菜单为 Chart(图形)与 Format(格式)比较常用，可选其下拉式菜单中的有关命令进行编辑操作。

SPSS 的图形输出方式是用各种不同的颜色表示线图所代表的对象或性质。当图框内含有两种或两种以上图形时，用单色打印机打印输出结果，往往不易分辩，因此有时需要对图形进行适当编辑。具体操作如下：

(1) 双击所选图形，则进入图形编辑器(Chart Editor)视窗(图 9.22)。

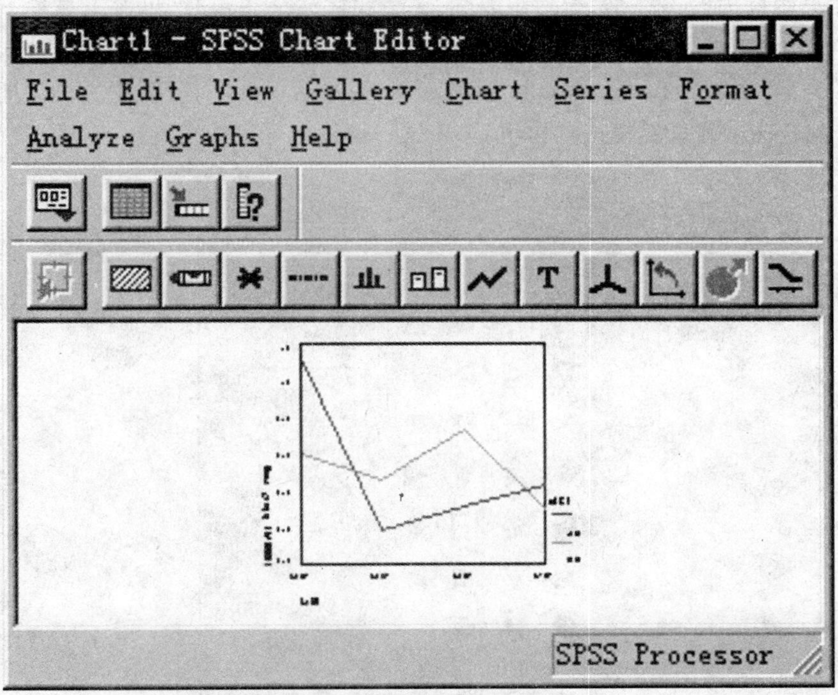

图 9.22 图形编辑器视窗

(2) 使编辑器窗口最大化，将鼠标指针移向所要编辑的线图，单击鼠标左键，此时所要编辑的线图便会出现被选中标志。单击工具栏中的 Line Style(线图式样)按钮，则弹出图形式样对话框，单击“Apply(应用)”按钮，便会对所编辑的线图自动替换或修改。如果要改变图形的颜色，亦可将鼠标指针移向所要编辑的线图，单击鼠标左键，选中所要编辑的线图，按 Colors(颜色)按钮，便会弹出用于编辑图形颜色对话框，可用于改变所选图形的颜色(图 9.23)。

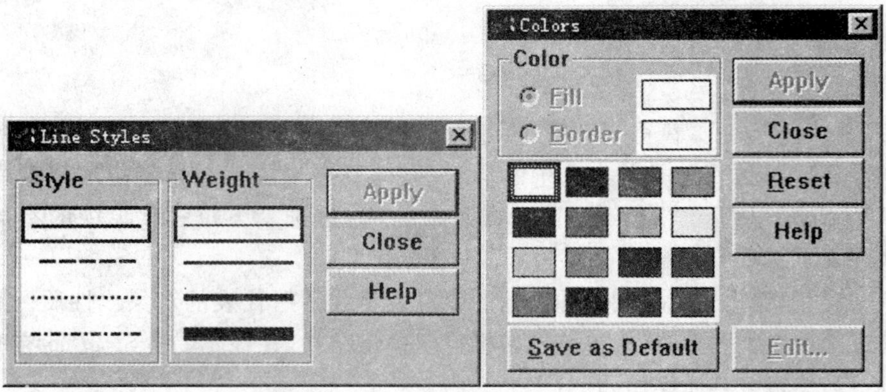

图 9.23　改变线图式样和图形的颜色选项对话框

（3）如果图框内线图较多，无法用图 9.23 中式样完全表示时，可按工具栏上的 Marker（标记）按钮，则会弹出多种标记符号，可对所选图形进行标记，以示区别。但此功能必须与 Format（格式）菜单下的 Interpolation（添加）命令的对话框共同使用（图 9.24），且注意要选中 Display Markers 才可发挥正常作用，关于这一点读者可自行摸索。

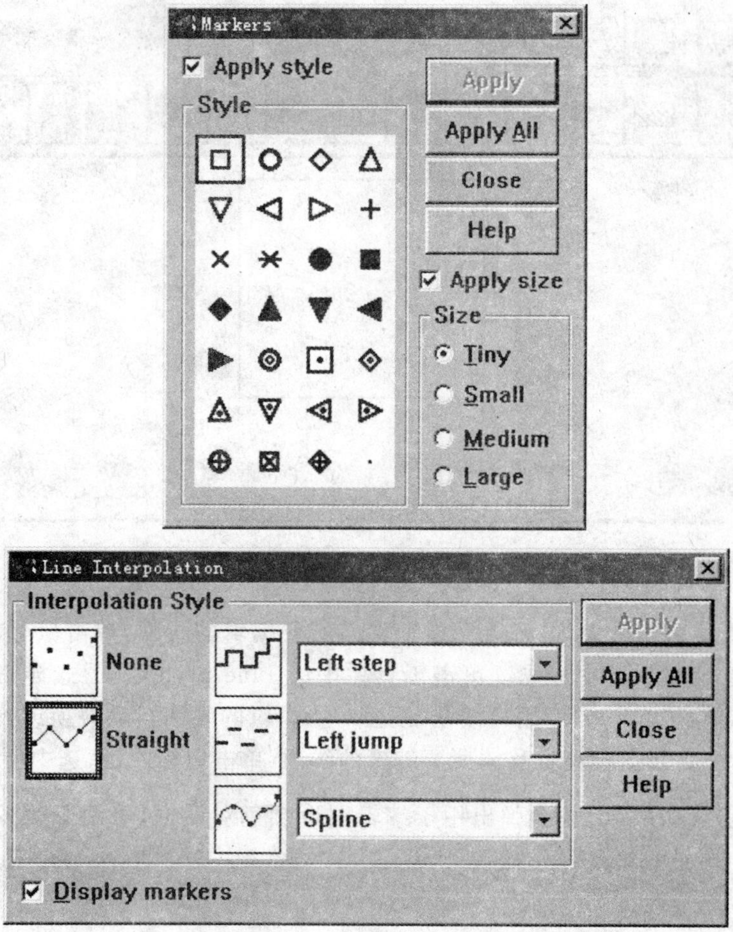

图 9.24　在线图上添加标记（Marker）符号对话框

由于线图、直条图与圆形图是日常文章写作中最常见的基本图形，因此笔者作了重点介绍。关于选用 Summaries of Separate Variable(用各个变量的统计指标绘图)的绘图，未作介绍。因为，在多数情况下，不同变量的单位是不相同的。在绘制复合图时，应注意图形的可比性，一般不可将单位不同或性质不同变量绘在一张图上进行比较。

SPSS 在绘制线图时，无论横坐标(变量)选用的数值大小如何，只把它当符号看待，按大小顺序在横轴上成等距排列，也就是说，如果横坐标为 10，100，1000，无论其为何单位，均呈现等距排列表示其与有关指标的变化关系，这一点望读者多加注意。如果要用算术尺度表示其与有关指标的关系，请用相关回归中的散点图来处理该问题。

关于直条图与圆形图的图形编辑，也与线图相似，可根据编辑线图的原则对所选图形进行编辑。

在图形编辑中，希望读者灵活应用。首先对所选对象进行双击，然后根据对话框进行编辑，如不行右击鼠标，根据快捷方式菜单进行操作，如仍不行，再到主菜单寻找有关命令进行操作。这种简便的方法也适用其他 Windows 系统操作下的应用软件。

第十章　聚类分析

聚类分析(Clusterer Analysis)是研究“物以类聚”的一种数理统计方法,是分类学与多元分析的结合。它将观察对象置于一个多维空间中,按照它们空间关系的密切程度进行分类。根据事物彼此不同的属性进行区别辨认,将具有类似属性的事物聚为一类,使得同一类的事物具有高度的相似性。在医学分类问题中,聚类分析有着广泛的应用:卫生管理部门可以根据诊治水平、工作效率等众多指标,将所辖医院分成几个类别进行分类管理。临床上为修复牙齿,可先以正常牙齿的指标收集,对其进行聚类分析,把正常牙齿划分成几种类别,然后找出各类“标准化”的牙齿,以供临床修复使用。

应用聚类分析时,总体中各类别的划分是不清楚的,甚至连应分几类也不知道。聚类分析也可与判别分析相结合,先用聚类分析进行聚类,把样品分成几类,然后用判别分析建立判别规则,再对未知类别的新样品进行归类。

可以对样品聚类,也可以对变量聚类。有些问题需对样本个体聚类,有些需对研究变量聚类,也有些问题是从样本个体和变量两方面进行聚类的。无论从哪方面聚类,原理基本相同。常用的方法有快速聚类法、系统聚类法、有序样品聚类法、模糊聚类法和分割聚类法等。其中最常用的快速聚类法用于对大样本的样品间聚类,它要求应用于连续性变量。系统聚类法用于对小样本的样品间聚类及对变量聚类,可以使用两分类或多分类变量。对于聚类分析而言,结果是否适用比检验和统计指标更加重要。聚类分析时采用不同的聚类方法,不同的聚类统计量,会得到不同的聚类结果,对聚类分析法优劣的评价尚无系统的检验理论,需进行多次聚类尝试,结合实际选取较优的分类结果。

由于聚类分析的理论和统计量比较复杂,本书将只介绍 SPSS 中提供的快速聚类法(K-means Cluster 菜单)和系统聚类法(Hierarchical Cluster 菜单)的使用方法。对理论感兴趣的读者可翻阅相关统计学书籍。

一、快速聚类法——K-means Cluster 菜单

对样品聚类时,如果样本量很大,用系统聚类法计算的工作量极大,作出的树状图也十分复杂,不便于分析。因此,当大样本时,可用 SPSS 的 K-means Cluster 菜单进行对样品的快速聚类,即 K-均值聚类法,也叫逐步聚类法。

它首先选择一些初始凝聚点,把这些凝聚点作为今后聚类的核心;接着把每个样品根据欧氏距离归入到与该样品最近的凝聚点所代表的类,以构成暂时的类;再用这些暂时的类的重心代替初始凝聚点作为新的凝聚点,再一次把每个样品归入到与该样品最近的凝聚点所代表的类,构成新的暂时的类,这样一直进行下去,直至分成的类再没有什么变化(收敛)为止。

下面以一个糖尿病家系数据文件为例演示其分析过程。

首先,打开 Analysis 菜单下 Classify 项中的 K-means Cluster...,可见到如图 10.1 所

示窗口。右边的 Variables 是用来选取需要进行快速聚类的变量名的；Label Cases by 用于选取标记变量；Number of Clusters 表示准备将研究对象分成几类，SPSS 默认分为两类；Method 用来选取聚类方法，默认值 Iterate and classify 表示在初始凝聚点的基础上不断迭代和更改核心位置，而 Classify only 表示只使用初始凝聚点对研究对象进行分类。初始凝聚点可以人为地凭经验选择，也可由 K-means Cluster 菜单过程自动选择。如果对实际问题已有一定了解，分多少类也大体心中有数，这时就可以选一些有代表性的样品作为初始凝聚点；或者人为地把样品按某种标准分成若干类，计算每一类的核心，然后以这些重心为初始凝聚点。以这些初始凝聚点建立一个数据文件，在 K-means Cluster 菜单的“Centers＞＞”选项中勾选 Cluster Centers 下的 Read initial from 选项卡，然后输入该数据文件即可。如果由过程自动选择初始凝聚点，则需在选择项 Number of Clusters 中给出所允许分类的最大个数，选用不同的分类值可得到不同的聚类结果，根据专业知识和实际应用的需要，从中选择较合理的分类结果。

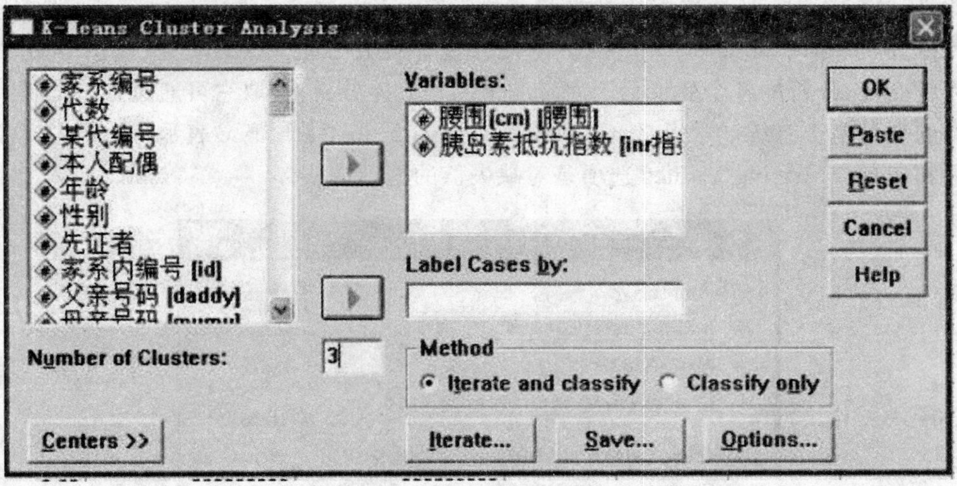

图 10.1　K-means Cluster 快速聚类主对话框

如果对 SPSS 默认的迭代参数不满意，可以修改“Iterate...”选项卡，见图 10.2。其中的 Maximum Iterations 是最大迭代次数，默认是 10 次，Convergence Criterion 是收敛标准，SPSS 默认为 0.02（显示为 0）。Use running means 可以改变计算类核心的方式，如果勾选它则一边分类一边重新确定新的类核心，这与默认的方式显然有较大差异。

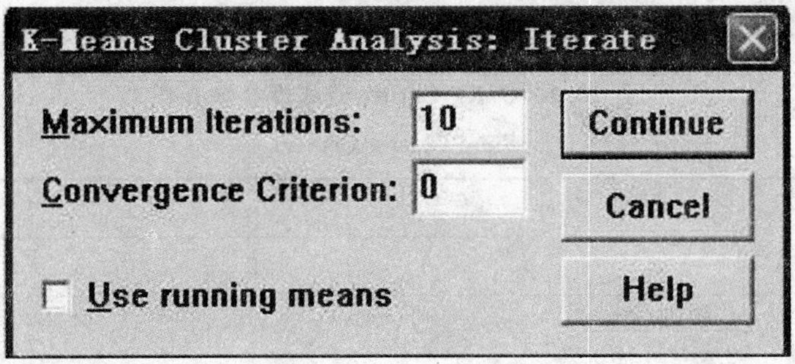

图 10.2　“Iterate...”迭代选项对话框

对于聚类的参数和结果可以通过“Save...”选项卡保存，见图 10.3。勾选 Cluster membership，可以产生一新的变量名，“qcl_1”用以表示每个研究对象的类别，勾选 Distance from cluster center 可输出每个研究对象与所在类核心的距离。

图 10.3　Save... 保存选项对话框

此外，“Options...”选项卡中还提供了 Statistics 和 Missing Values 选项，见图 10.4。Statistics 中的 Initial cluster centers 表示统计量有初始凝聚点；ANOVA table 表示以聚类结果为自变量，分析的各个变量为因变量的单因素方差分析，选取它可通过方差分析判断用于聚类的变量是否有统计学意义；Cluster information for each case 表示每个研究对象的分类结果和信息。Missing Values 选项是对缺失值的处理方法。

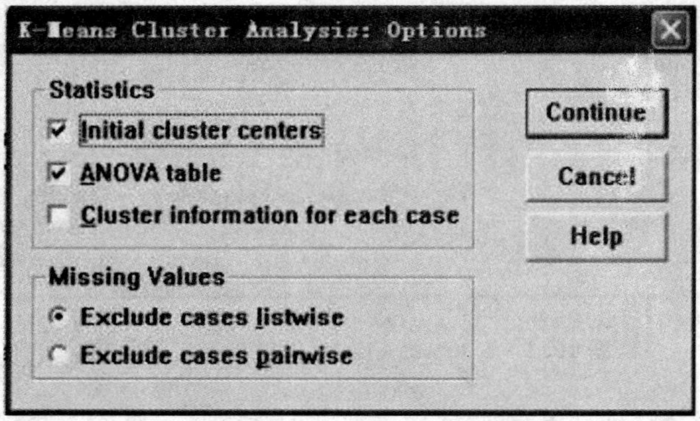

图 10.4　Options... 选项对话框

在这个数据库中，选取用于聚类的变量“腰围”和“胰岛素抵抗指数”进入 Variables，在 Number of clusters 中填入 3 并在 Options 中勾选 ANOVA table，则 SPSS 经过运算可得到如表 10.1、表 10.2 和表 10.3 所示的主要结果。

表 10.1　Quick Cluster 最终聚类核心表

Final Cluster Centers

	Cluster		
	1	2	3
腰围(cm)	99	73	86
胰岛素抵抗指数	7.18	3.06	4.83

表 10.2 方差分析表

ANOVA

	Cluster		Error		F	Sig.
	Mean Square	df	Mean Square	df		
腰围(cm)	17 638.913	2	19.862	567	888.090	.000
胰岛素抵抗指数	2 277.744	2	15.134	567	150.509	.000

表 10.3 聚类情况描述表

Number of Cases in each Cluster

Cluster	1	177.000
	2	130.000
	3	265.000
Valid		572.000
Missing		3.000

可以看见,在糖尿病家系人群中,以腰围和胰岛素抵抗指数进行聚类,形成三个类,每个类的核心见表 10.1,每个类的研究对象个数见表 10.3,对这两个聚类变量的方差分析结果见表 10.2。从中可以发现:第一类和第三类研究对象的腰围超出标准(国人为85 cm),其胰岛素抵抗指数也相应较高,它们具有近似的凝聚中心和相同的聚集倾向。以往众多流行病学调查结果也提示腹型肥胖可能是导致胰岛素抵抗的危险因素,因此从专业知识的角度可以认为分类有意义。表 10.3 显示具有较大腰围和较高胰岛素抵抗水平的有 177 例,临界腰围和较高的胰岛素抵抗水平的有 265 例,正常腰围和正常胰岛素抵抗水平的有 130 例。并且表 10.2 中两个聚类变量的方差分析结果都显示有统计学意义。

二、系统聚类法- Hierarchical Cluster 菜单

系统聚类法是实际工作中使用最多的一种方法,因为它既可以对研究对象聚类也可以对研究变量聚类。系统聚类法的基本思想是:首先定义样品间距离反类与类之间的距离;开始时先把所有待分类事物各自看成独立的一类,将距离最近的两类合并;重新计算新类与其他类的距离,再将距离最近的两类合并;再计算新类与其他类的距离。这样一步步地进行下去,每一步减少一类,直至所行的样品都合并成一类为止。整个聚类过程可绘成聚类图或树状图,按树状图作出适当的分类。类与类之间的距离有各种不同的定义方法。定义不同即产生不同的算法,而不同的算法可能会得到不同的结果。SPSS 提供了 7 种算法,一般可以使用默认值。具体使用时可用不同的方法聚类得出多种结果,再根据专业知识选择较合理的分类结果。

仍以糖尿病家系数据文件为例演示其分析过程。

首先,打开 Analysis 菜单下 Classify 项中的 Hierarchical Cluster...,可见到如图 10.5 所示窗口。

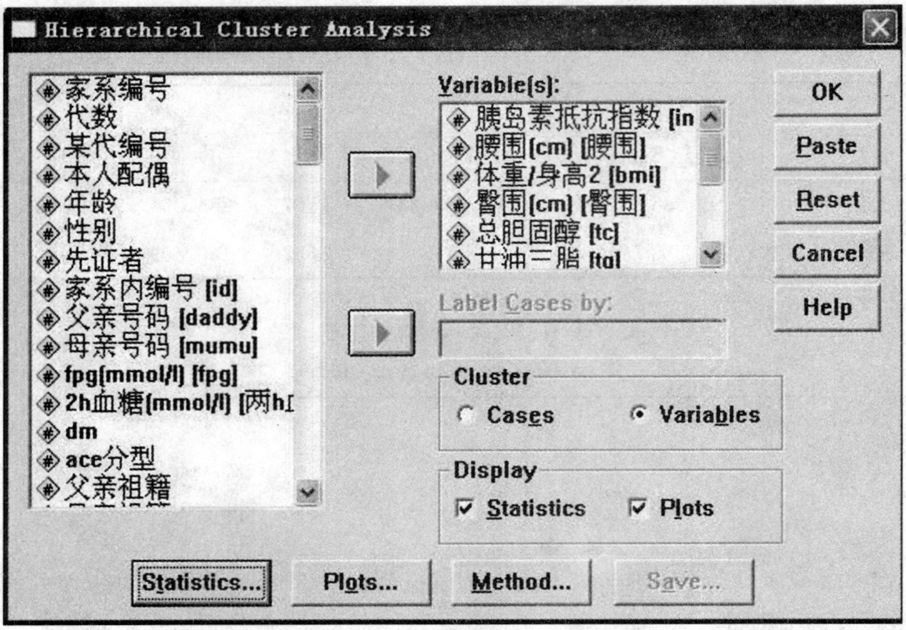

图 10.5 Hierarchical Cluster... 系统聚类主对话框

左上方的小窗口、右边的 Variable(s) 和 Label Cases by 框的用法与快速聚类相同，但 Variable(s) 框在进行变量聚类时要求至少入选 3 个变量。和快速聚类菜单不同，它们的下方更换了几个选项。Cluster 框中有 Cases 和 Variables，分别代表对研究对象聚类或对研究变量聚类，系统默认为对研究对象进行聚类。Display 框用来选择输出显示统计量还是统计图，如果两者都要就不需要更改它。底部 4 个选项卡展开后见图 10.6～图 10.9。

在 Statistics... 对话框(图 10.6)中，选中 Agglomeration schedule，则给出类合并中每步的细节数据；选中 Proximity matrix，则给出研究对象或变量间的距离或相似性矩阵。Cluster Membership 框中可供选择是否给出聚类结果的列表，可以全部不显示(None)，也可以部分显示(Single solution 某一类、Range of solutions 某一范围的类)。

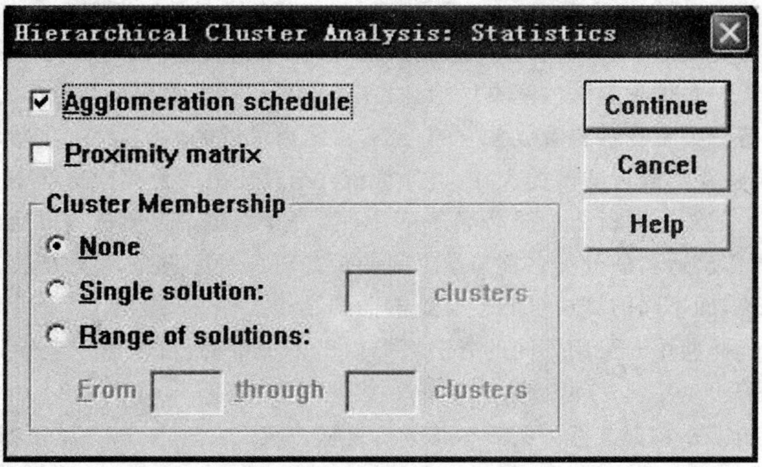

图 10.6 Statistics... 统计选项对话框

在 Plots... 对话框(图 10.7)中,选中 Dendrogram 可以输出聚类结果的树状图;Icicle 框是冰柱图的选项,它也可以选择性输出聚类结果冰柱图;Orientation 提供的两个选项为纵向输出或横向输出。

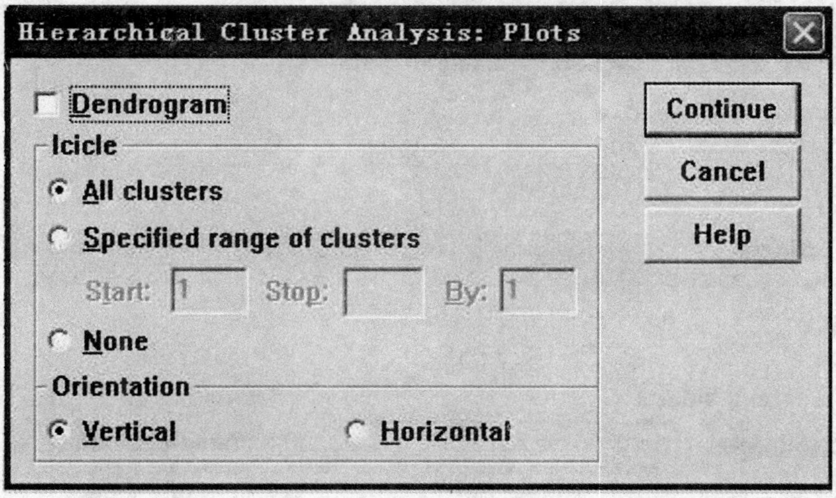

图 10.7 Plots... 图形选项对话框

在 Method... 对话框(图 10.8)中,SPSS 提供了 7 种用于选择聚类分析中不同类间距离的测量方法。分别为组间连结法、组内连结法、最近距离、最远距离、重心距离、中位数距离和 Ward's 法,默认的是组间连结法,一般使用默认值,也可以几种都使用,然后比较其结果与专业知识吻合的情况。Measure 框用于选择所用的距离种类。针对计量资料、计数资料和二分类变量资料分别有不同的距离供选择。在计量资料(Interval)中提供了欧氏平方距离(Squared Euclidean Distance,默认值)、欧几里得距离(Euclidean Distance)、切比雪夫距离(Chebychev)、柯兴距离(Cosine)、皮尔森距离(Pearson Correlation)、块距离(Block)、闵可夫斯基距离(Minkowski)、自定义距离(Customized)。一般只需采用默认的欧氏平方距离即可。在计数资料(Counts)中提供了 χ^2 距离(Chi-square Measure,默认值)和 Ψ^2 距离(Phi-square Measure)。二分类变量资料(Binary)中提供了 27 种距离,默认的是欧氏平方距离。

如果变量间方差的变异过大可能会影响结果,Transform Values 框就提供了 6 种进行变量转换的方法,包括作标准正态变换、将数据范围转化为 −1 到 +1 之间、将数据范围转化为 0 至 1 之间、作最大值为 1 的转换、作均数为 1 的变换和作标准差为 1 的变换。默认不转换。一般都采用标准正态变换。Transform Measures 框是对计算出的距离测量指标设置进一步的变换方法,有先取绝对值再变换(Absolute Values)、变换后更改正负号(Change Sign)或者先将取值范围变换为 0 到 1 再进行变换(Rescale to 0−1 range)。

在进行研究对象间聚类时就可以使用 Save... 对话框(图 10.9)。它提供了将聚类结果以变量形式存入数据集的功能,其使用方法与 Statistics 中的相应部分相同。

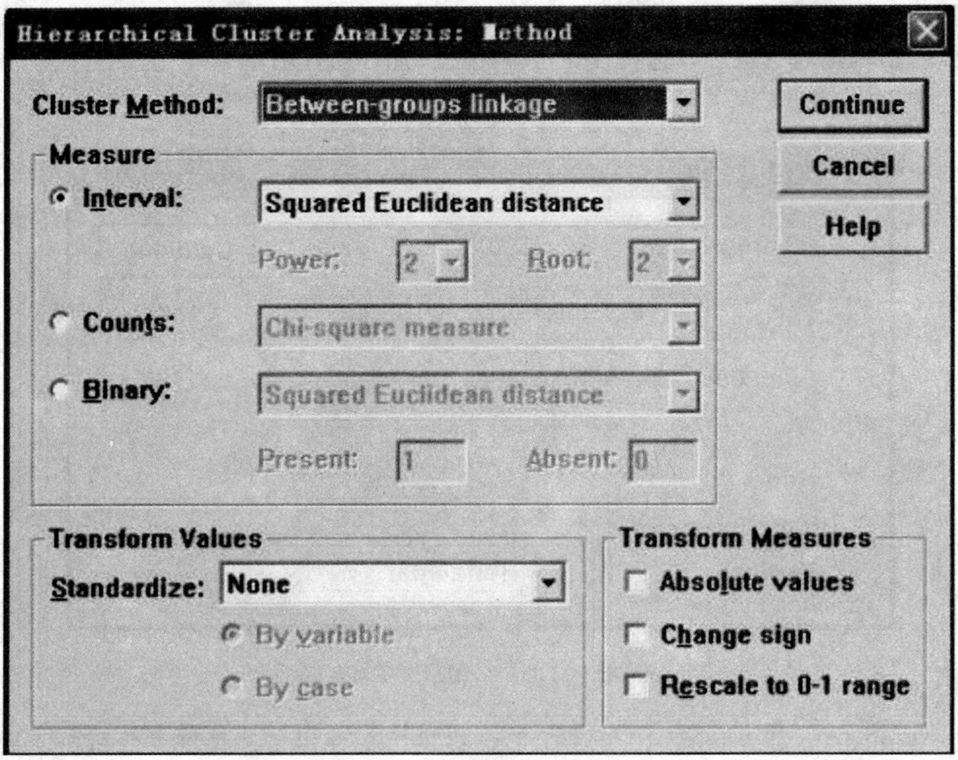

图 10.8　Method…距离测量方法选项对话框

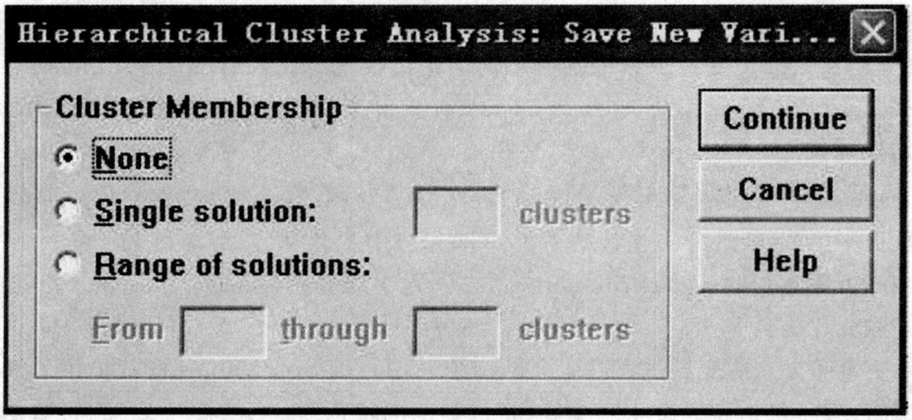

图 10.9　Save... 保存选项对话框

为了和快速聚类的变量聚类比较，仍从糖尿病家系数据库中选取用于聚类的变量“腰围”和“胰岛素抵抗指数”进入 Variables，执行默认的研究对象聚类(Case)，SPSS 得出该结果的计算耗时 20 min，结果文件达 16.6 m 之巨，而快速聚类分析仅用了 3 s。由此可见，对具有大量记录的数据进行研究对象聚类和变量聚类的计算量差别巨大。

在糖尿病家系数据库中利用系统聚类对糖尿病家系人群的一些危险因素进行了聚类分析，观察各项研究因素之间的集聚情况。首先看到的是缺失值报告和快速聚类相同。

表 10.4 是缺失值报告，下面进入聚类分析的过程。

表 10.4 数据汇总表

Case Processing Summary

Cases					
Valid		Missing		Total	
N	Percent	N	Percent	N	Percent
572	99.5%	3	0.5%	575	100.0%

a. Squared Euclidean Distance used.

表 10.5 是相似性矩阵，主要是为下面的聚类分析计算出协方差矩阵，对使用者而言不需要了解。

表 10.5 相似性矩阵表

Proximity Matrix

Case	Matrix File Input							
	胰岛素抵抗指数	腰围	BMI	臀围	总胆固醇	甘油三脂	LDL	HDL
胰岛素抵抗指数	.000	3 835 623.815	213 724.002	5 158 057.234	14 842.484	21 670.967	19 039.252	24 613.982
腰围	3 835 623.815	.000	2 289 142.546	122 229.000	3 869 748.442	4 165 146.194	4 070 203.167	4 228 575.595
BMI	213 724.002	2 289 142.546	.000	3 328 520.661	211 193.531	283 666.671	259 266.265	299 458.343
臀围	5 158 057.234	122 229.000	3 328 520.661	.000	5 191 458.922	5 535 040.374	5 423 456.667	5 606 146.355
总胆固醇	14 842.484	3 869 748.442	211 193.531	5 191 458.922	.000	7 070.360	2 905.431	8 978.579
甘油三脂	21 670.967	4 165 146.194	283 666.671	5 535 040.374	7 070.360	.000	2 945.442	1 572.253
LDL	19 039.252	4 070 203.167	259 266.265	5 423 456.667	2 905.431	2 945.442	.000	2 634.976
HDL	24 613.982	4 228 575.595	299 458.343	5 606 146.355	8 978.579	1 572.253	2 634.976	.000

表 10.6、表 10.7 是聚类的详细经过和垂直冰柱图。由于有 8 个变量，因此需要经过 7 步。Stage 表示每一步的变量聚集情况。垂直冰柱图显示了在不同类数时各变量的归属状况，它的显示不如树状图清晰，尤其在研究变量或研究对象比较多的时候，因此在分析时最好选中 Plots 选项中的 Dendrogram 用来输出分类结果树状图(图 10.10)。

表 10.6 聚类过程描述表

Agglomeration Schedule

Stage	Cluster Combined		Coefficients	Stage Cluster First Appears		Next Stage
	Cluster 1	Cluster 2		Cluster 1	Cluster 2	
1	6	8	1 572.253	0	0	2
2	6	7	2 790.209	1	0	3
3	5	6	6 318.123	0	2	4
4	1	5	20 041.671	0	3	6
5	2	4	122 229.000	0	0	7
6	1	3	253 461.762	4	0	7
7	1	2	4 391 759.998	6	5	0

表 10.7 垂直冰柱图

Vertical Icicle

Number of clusters	Case: 臀围		腰围		BMI		LDL		HDL		甘油三脂		总胆固醇		胰岛素抵抗指数
1	X	X	X	X	X	X	X	X	X	X	X	X	X	X	X
2	X	X	X		X	X	X	X	X	X	X	X	X	X	X
3	X	X	X		X		X	X	X	X	X	X	X	X	X
4	X		X		X		X	X	X	X	X	X	X	X	X
5	X		X		X		X	X	X	X	X	X	X		X
6	X		X		X		X	X	X	X	X		X		X
7	X		X		X		X		X	X	X		X		X

图 10.10 就是分类结果树状图，它清晰地显示出这 8 个变量之间差异的大小（横线越长，距离越远）。可以看出，TG（甘油三脂）、HDL（高密度脂蛋白）、LDL（低密度脂蛋白）、TC（总胆固醇）和 INR 指数（胰岛素抵抗指数）等 5 个变量可归为一类，而腰围和臀围也可归为一类，BMI（体质指数）与血液生化检测指标有一段距离但相对腰围和臀围而言更接近一些。因此，如果分为 3 类，那么腰围和臀围是一类，5 项血液生化检测指标是一类，BMI 单

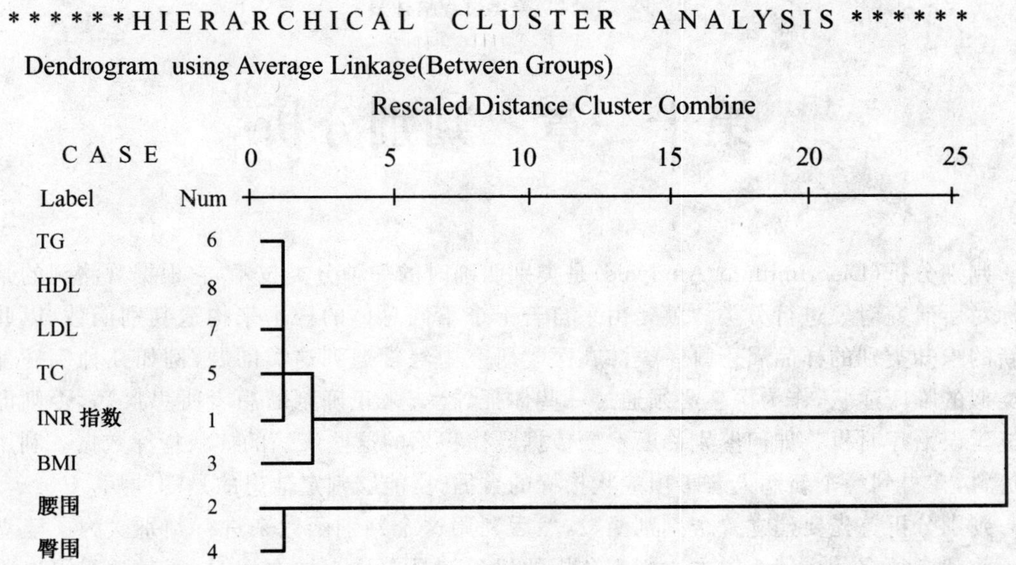

图 10.10 分类结果树状图

独为一类;如果分为两类,则 BMI 可归入血液生化检测指标类。从另一方面来看,BMI 尽管和腰围、臀围都是反映体脂的指标,但它和血脂指标更加接近。

目前,聚类分析在基因芯片的数据分析中已经扮演了重要角色。可以把基因数据作为变量,对研究对象在这些变量上的相似性进行分析。通过对研究基因的聚类,归为一个簇的基因在功能上可能相似或关联,从而可以确定不同基因在表达上的相关性,并找到未知基因的功能信息或已知基因的未知功能。

第十一章　判别分析

判别分析(Discriminant Analysis)是类别明确时的一种分类技术,它根据观测到的某些指标对所研究对象进行分类。就是由来自若干个不同总体的样本来构造判别函数,以此决定新的未知类别的样品属于哪一类。在医学研究中经常遇到这类问题,例如几种疾病都具有类似的临床症状,作为医生必须通过一些体征、检查来正确判断患者所患疾病,否则即有可能延误治疗时机。如何鉴别诊断? 要依据既往积累的这些疾病的症状指标数据。利用这些资料,在得到一个新病人若干项症状指标的数据时,能够判定他患的是哪种病。

判别分析首先要建立一个判别函数,然后利用这个判别函数来进行判别。为了建立判别函数就必须有一个训练样本。判别分析的任务就是向这个样本学习,通过学习得出判断类别的规则,并作多种验证。训练样本的质量与数量非常重要。每一个个体所属类别必须用"金标准"确认;用于判别的变量必须确实与分类有关;个体的观察值必须准确;个体的数目必须足够多。建立判别函数和判别规则有多种准则和方法,常用的有 Bayes 准则、Fisher 准则、距离判别、最大似然法、回归方法和非参数方法等。常用的 Fisher 判别分析用于两类或两类以上判别,但常用于两类间判别;Bayes 判别分析也用于两类或两类以上判别,它要求各类中指标服从多元正态分布。无论用哪一种准则或方法所建立的判别函数和判别规则,都可能产生错判,错判所占的比率用错判概率来度量。

在 SPSS 的 Discriminant 菜单中,提供了建立判别函数的全部选项。下面以糖尿病家系数据文件为例演示其分析过程。我们试图在糖尿病家系中利用一些指标判别健康者和 2 型糖尿病患者。首先,打开 Analysis 菜单下 Classify 项中的 Discriminant...,可见到如图 11.1所示对话框。左边的大窗口不用说了,右边的 Grouping Variable 是用来选取已知分

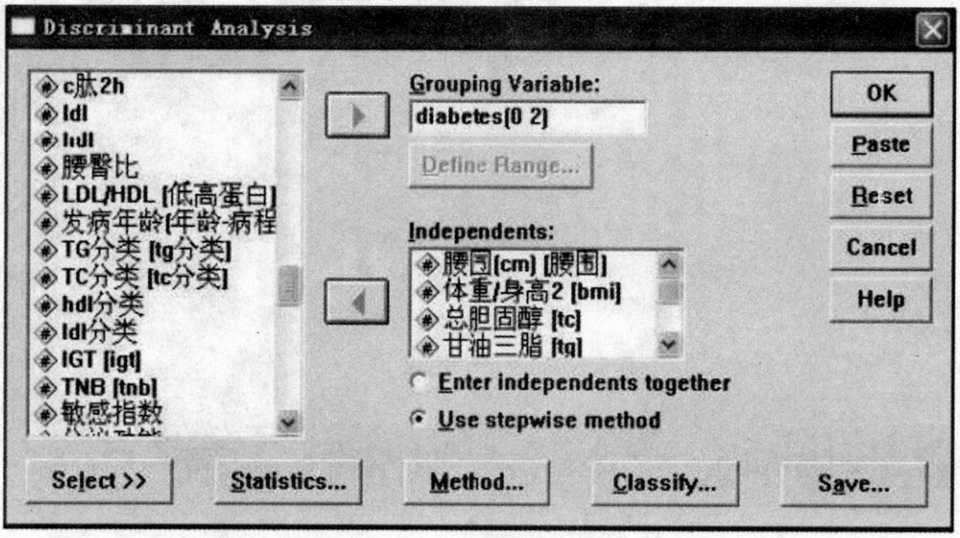

图 11.1　Discriminant... 判别分析主对话框

类变量的。如上所述，这个分类变量必须是经过“金标准”确认的。在这个数据库中“diabetes”变量是区分是否患糖尿病及其类型的一个分类变量，它的分类结果是经过口服糖耐量试验(OGTT)和分子生物学检查确认的，0 代表正常亲属，1 代表 1 型糖尿病患者，2 代表 2 型糖尿病患者，3 代表其他特殊类型糖尿病患者。由于已经过滤了 2 型糖尿病以外其他类型的糖尿病记录(在该窗口的下方“Define Rang...”中定义 Minimum 为 0，Maximum 为 2)，下面所做的分析都是为了区分正常亲属和 2 型糖尿病患者这两类人群。

在 Independents 框中，选取腰围、BMI(体质指数)、TC(总胆固醇)和 TG(甘油三酯)作为解释变量进入判别函数。我们已经知道，回归方程中的自变量并非越多越好。作用不大的变量进入方程后会削弱方程的性能。在判别分析中也有类似情况，解释变量并非越多越好。解释变量的特异性越强，判别能力越强，这种解释变量越多越好；而那些判别能力不强的解释变量如果引入判别函数，同样也会降低其判别功效，而且增加了搜集数据和处理数据的工作量。因此希望在建立判别函数时既不要遗漏有显著判别能力的变量，也不要引入不必要的判别能力很弱的变量。逐步判别分析是达到上述目标的重要方法。它与逐步回归分析一样，可以在很多候选变量中挑选一些有重要作用的变量来建立分类函数，使方程内的变量都较重要而方程外的变量都不太重要。判别函数内的变量是否有重要作用可用 F 检验。检验的零假设是：在目前情况下，该变量对判别的贡献为零。

在 Independents 框的下方有两个单选项，一个是全部强行进入法(Enter independents together)，第二个就是逐步变量选择法(Use stepwise method)。其中逐步变量选择法的步骤基本类似逐步回归。先规定选入变量及剔除变量的检验水平，每一步挑选一个判别能力最大且具有统计学意义的变量进入分类函数，而且在每步选变量之前先对已选入的变量逐个检验其重要性，如果发现某个变量因为新变量的进入而变得不重要就剔除这个变量，只有在不能剔除时才考虑选入新变量。这样一步一步进行下去，直到分类函数中包含的所有变量都重要，而分类函数外的所有变量都不重要为止。选择该单选项后，Method... 就会增亮显示，在 Method... 对话框中(图 11.2)显示三个选项框：Method 框提供了逐步判别分析的拟合方法，一般均使用其默认值 Wilks' lambda；Criteria 框提供了设定解释变量的纳入和剔除标准的方式，有 F 值标准和 P 值标准两种，其具体数值可以更改；Display 框提供了输出统计量的选择，有汇总表也有前后之间比较的 F 值。

在 Statistics... 按钮的对话框中有 3 个选项框(图 11.3)。Descriptives 框提供了一组可输出的统计量，其中 Means 给出各分类所有自变量的均数和标准差；Univariate ANOVAs 选项可对所有自变量进行单因素方差分析，看它们在各类之间有无差别；Box's M 选项是用于进行组间协方差齐性检验，这是判别分析的适用条件，只有该检验 P 值大于 α 水准的数据才可进行判别分析，但实际数据都很难真正完全满足该条件。

在左下方的是 Function Coefficients 框，默认情况下两个选项都未选。SPSS 采用 Bayes 方法建立判别函数的标准化系数。如果选择 Unstandardized 则给出 Fisher 判别准则建立的判别函数的未标准化系数；如果选择 Fisher's 则给出 Bayes 判别准则的判别函数，它可用以构建直接计算判别结果的方程。而 Matrices 框内的选项可给出组内相关阵、组内协方差阵、分组协方差阵和总协方差阵，主要用于模型的拟合优度检验。

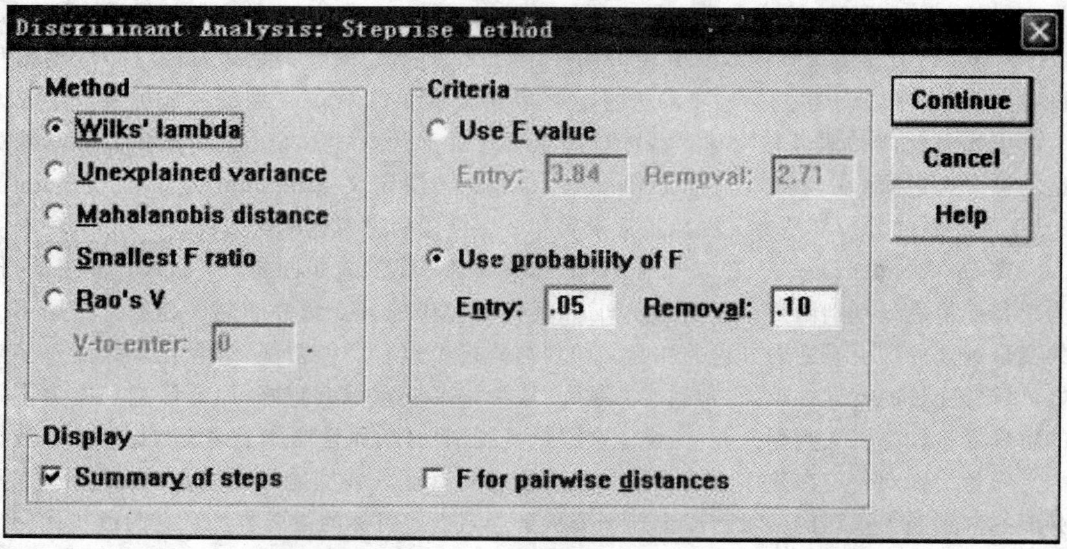

图 11.2　Method... 逐步分析方法选项对话框

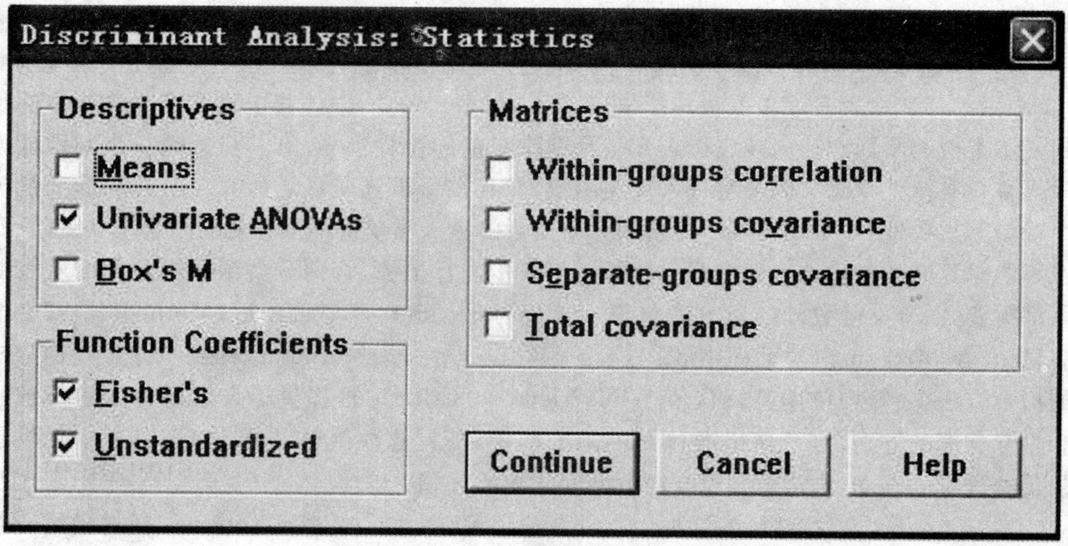

图 11.3　Statistics... 统计选项对话框

在 Classify... 按钮的对话框中有 4 个选项框(图 11.4)。Prior Probabilities 框是用来设定判别函数先验概率的,默认为各分类在总体中出现的概率相等。如果所用的样本为总体中完全随机抽样,各组的构成比就代表了各类别在总体中的分布比例,则可以选择下方的 Compute from group sizes。两种方法的结果有较大差别,使用时要结合实际情况选用,在下面的结果演示中可以发现它们的区别。Use Covariance Matrix 框是选择计算时所用协方差阵的种类,默认为组内协方差阵,也可分别用各组的协方差阵。Display 框提供了一些可以输出指标的选择:Casewise results 是输出每个观察单位(研究对象)判别后所属类别,Limit cases to first 是按设定记录数输出前 n 条记录的判别结果;Summary table 是输出判别符合率的结果表;Leave-one-out classification 是刀切法交叉验证选项,就是在建立判别函数时去掉该例，然后用函数进行判别，这样可以发现强影响点。Plots 框用于选择可输出的判别图：有 Combined-groups，各类共同输出在一幅图中；Separate-groups，每个类别单独输出一幅散点图；Territorial map，分类区域图，此时整个图形会被分为几大块，每一块代表一个类别，之间有清楚的界限分隔，其中的星号则表示各个类别的中心。该图可以直接用于判断分类。Replace missing values with mean 选项可指定使用变量均值来代替缺失值。

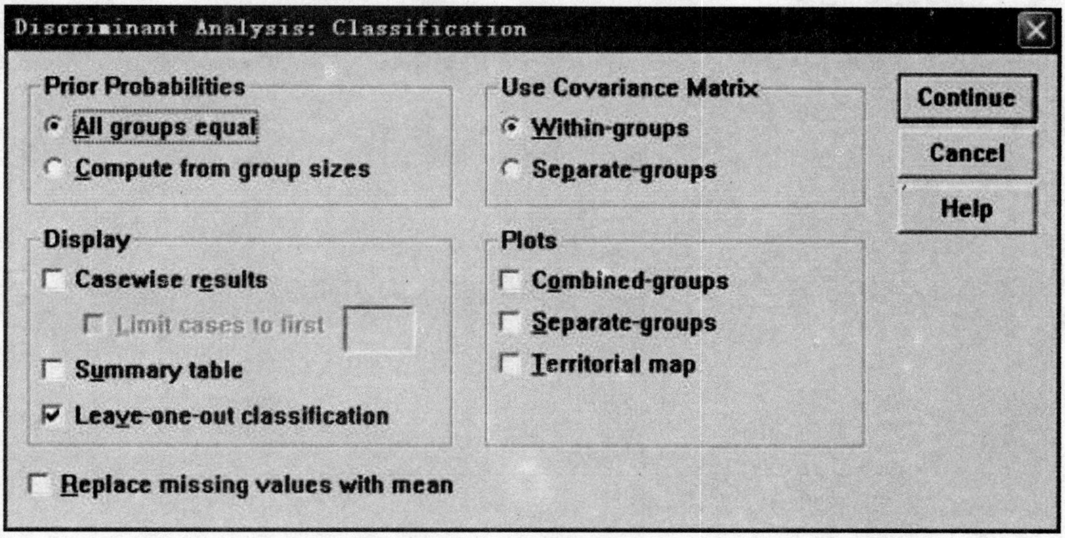

图 11.4　Classify... 分类选项对话框

Save... 对话框（图 11.5）用于设置结果输出：第一行 Predicted group membership 是将预测研究对象所属类别存为新变量；第二行 Discriminant scores 是设定输出各记录的判别分数；第三行 Probabilities of group membership 是输出研究对象属于某一类的概率，利用该指标可对具体观察单位的错判原因作进一步分析。最下方一行可以设定输出为 XML 文件。

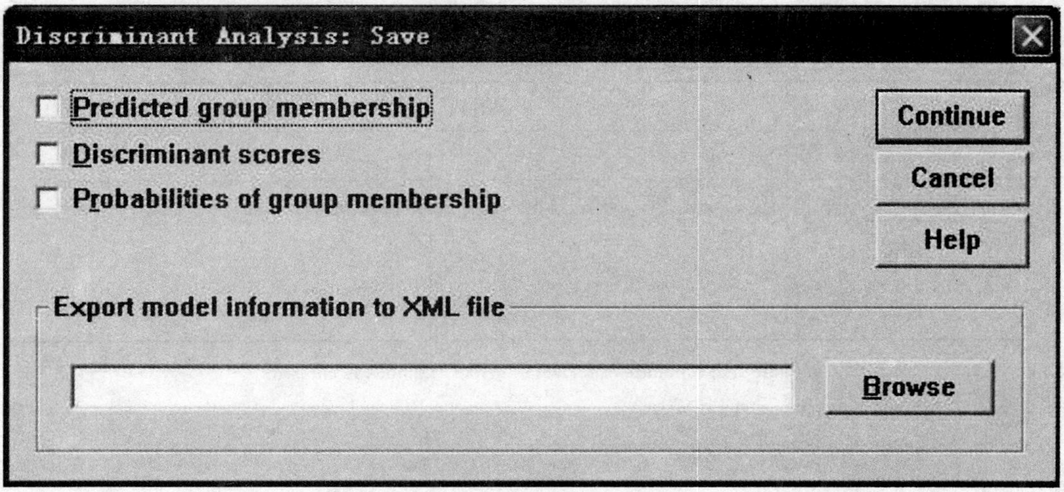

图 11.5　Save... 保存选项对话框

到这里所有的设置就全部结束了，点击图 11.1“OK”按钮便可得到所要的结果。

Analysis Case Processing Summary（表略），该表是缺失值报告和例数报告。表 11.1 是各组纳入例数的情况报告。

表 11.1　数据分组描述表

Group Statistics

DIABETES		Valid N (listwise)	
		Unweighted	Weighted
.00	腰围	204	204.000
	BMI	204	204.000
	甘油三脂	204	204.000
	总胆固醇	204	204.000
2.00	腰围	291	291.000
	BMI	291	291.000
	甘油三脂	291	291.000
	总胆固醇	291	291.000
Total	腰围	495	495.000
	BMI	495	495.000
	甘油三脂	495	495.000
	总胆固醇	495	495.000

Analysis 1

Stepwise Statistics

表 11.2 是逐步判别的运行结果。

表 11.2　进入与排除情况汇总表

Variables Entered/Removed[a,b,c,d]

	Entered	Wilks' Lambda							
						Exact F			
Step		Statistic	df1	df2	df3	Statistic	df1	df2	Sig.
1	腰围	.926	1	1	493.000	39.629	1	493.000	.000
2	BMI	.913	2	1	493.000	23.577	2	492.000	.000

At each step, the variable that minimizes the overall Wilks' Lambda is entered.

a. Maximum number of steps is 8.

b. Maximum significance of F to enter is .05.

c. Minimum significance of F to remove is .10.

d. F level, tolerance, or VIN insufficient for further computation.

表 11.3、表 11.4 和表 11.5 是得出结果的具体过程，可见腰围和 BMI 分别在第一步和第二步进入了判别函数，而且经过 Wilks' Lambda 检验均有统计学意义(表 11.5)。

表 11.3　保留的变量统计分析表

Variables in the Analysis

Step		Tolerance	Sig. of F to Remove	Wilks' Lambda
1	腰围	1.000	.000	
2	腰围	.421	.000	.982
	BMI	.421	.008	.926

表 11.4　排除的变量统计分析表

Variables not in the Analysis

Step		Tolerance	Min. Tolerance	Sig. of F to Enter	Wilks' Lambda
0	腰围	1.000	1.000	.000	.926
	BMI	1.000	1.000	.003	.982
	甘油三脂	1.000	1.000	.037	.991
	总胆固醇	1.000	1.000	.002	.981
1	BMI	.421	.421	.008	.913
	甘油三脂	.956	.956	.450	.925
	总胆固醇	.988	.988	.023	.916
2	甘油三脂	.954	.408	.528	.912
	总胆固醇	.970	.408	.055	.906

表 11.5　逐步检验表

Wilks' Lambda

Step	Number of Variables	Lambda	df1	df2	df3	Exact F			
						Statistic	df1	df2	Sig.
1	1	.926	1	1	493	39.629	1	493.000	.000
2	2	.913	2	1	493	23.577	2	492.000	.000

表 11.6～表 11.11 显示 SPSS 构建了一个使用标准化系数的规范判别函数，它解释了所有的变异并且经 Wilks' Lambda 检验有统计学意义。其中表 11.8 显示了函数中两个变量的标准化系数，因此函数可表达为 D＝1.387×腰围－0.619×体质指数。这个函数可以计算出各研究对象的具体空间位置并且和表 11.11 显示的各类重心的空间位置比较距离，其比较结果可用于判别。表 11.10 显示了函数中两个变量的非标准化系数(Fisher 准则)，

它可以将函数表达为 D=0.137×腰围-0.186×体质指数-7.393。这个函数不需要进行标准化，就可直接用计算值到分类区域图中进行实际判别。

表 11.6 特征值表

Eigenvalues

Function	Eigenvalue	% of Variance	Cumulative %	Canonical Correlation
1	.096[a]	100.0	100.0	.296

a. First 1 canonical discriminant functions were used in the analysis.

表 11.7 Wilks'检验表

Wilks' Lambda

Test of Function(s)	Wilks' Lambda	Chi-square	df	Sig.
1	.913	45.029	2	.000

表 11.8 判别函数中变量的标准化系数

Standardized Canonical Discriminant Function Coefficients

	Function
	1
腰围	1.387
BMI	-.619

表 11.9 判别变量的组内相关结构

Structure Matrix

	Function
	1
腰围	.916
BMI	.437
甘油三脂[a]	.210
总胆固醇[a]	.155

Pooled within-groups correlations between discriminating variables and standardized canonical discriminant functions

Variables ordered by absolute size of correlation within function.

a. This variable not used in the analysis.

表 11.10 判别函数变量的非标准化系数(Fisher 准则)

Canonical Discriminant Function Coefficients

	Function
	1
腰围	.137
BMI	−.186
(Constant)	−7.393

Unstandardized coefficients.

表 11.11 判别函数的重心空间位置

Functions at Group Centroids

DIABETES	Function
	1
.00	−.369
2.00	.259

Unstandardized canonical discriminant functions evaluated at group means.

表 11.12～表 11.14 是利用 Bayes 判别准则建立函数的相关内容，包括了缺失值情况和先验概率的大小以及判别方程的系数。这里采用了 Classify... 中 Prior Probabilities 框里的 Compute from group sizes(根据样本比例计算法)来计算先验概率。由表 11.14 可以得到判别方程为

正常亲属：Y＝0.670×腰围＋0.551×体质指数－35.132

2 型糖尿病患者：Y＝0.755×腰围＋0.434×体质指数－39.383

利用这两个判别函数直接计算某研究对象的评分，哪一类得分高，则该研究对象就属于哪一类。

表 11.12 Classification Statistics 分类汇总表(缺失值报告)

Classification Processing Summary

Processed		578
Excluded	Missing or out-of-range group codes	0
	At least one missing discriminating variable	5
Used in Output		573

表 11.13 先验概率报告表

Prior Probabilities for Groups

DIABETES	Prior	Cases Used in Analysis	
		Unweighted	Weighted
.00	.412	204	204.000
2.00	.588	291	291.000
Total	1.000	495	495.000

表 11.14 判别方程系数表

Classification Function Coefficients

	DIABETES	
	.00	2.00
腰围	.670	.755
BMI	.551	.434
(Constant)	−35.132	−39.383

Fisher's linear discriminant functions.

分类函数及判别准则建立后必须进行验证。验证就是将样品用所建立的判别准则进行归类，求出其假阳性率、假阴性率、总错误率等。验证有内验证(回代)，即用原来的训练样本进行验证，也有外验证，就是对新的已知其分类的样品进行验证。在实践应用时，外验证是必不可少的。只有当外验证有较好的判别效果即获得较高的符合率时，才能认为此判别准则有较强的判别能力，然后才能用于实践。验证样本也需要分类正确、数据可靠及有足够的样本量。在科研设计中可把所收集的样本随机地分为两组，一组作为训练样本，另一组作为验证样本。

此外还可用刀切法交叉验证。其方法就是在训练样本中共有 N 个个体的情况下，依次去除一个个体，对其余N－1个个体进行判别分析，求出判别规则，用该规则对这个个体进行验证，遍历每一个个体。用这种方法可以有效地避免强影响点的干扰，而且可以证明，如果训练样本是总体中的一份随机样本，当训练样本是大样本时，刀切法估计的总错误率是总体错误率的无偏估计。表 11.15 就是判别结果的验证。Original 行是采用默认方法验证的结果，Cross-validated 是采用刀切法交叉验证的结果。两者结果几乎相同，仅一例糖尿病患者在两种验证方法中出现了不一致，这表明得出的判别函数比较稳定。

表 11.15 判别函数判别验证结果表

Classification Results[a,b,c]

		DIABETES	Predicted Group Membership		Total
			.00	2.00	
Original	Count	.00	90	115	205
		2.00	51	240	291
		Ungrouped cases	24	53	77
	%	.00	43.9	56.1	100.0
		2.00	17.5	82.5	100.0
		Ungrouped cases	31.2	68.8	100.0
Cross-validated	Count	.00	90	115	205
		2.00	52	239	291
	%	.00	43.9	56.1	100.0
		2.00	17.9	82.1	100.0

a. Cross validation is done only for those cases in the analysis. In cross validation, each case is classified by the functions derived from all cases other than that case.

b. 66.5% of original grouped cases correctly classified.

c. 66.3% of cross-validated grouped cases correctly classified.

如果在构建函数时选择相等的先验概率，表 11.13～表 11.15 会有所不同。这里采用了 Classify... 中 Prior Probabilities 框里的 All groups equal 来计算。可以发现表 11.16与表 11.13 中 Prior 列的值发生了变化，表 11.17 与表 11.14 中的常数项发生了变化。尤其重要的是，验证表中检出 2 型糖尿病的灵敏度（真阳性率）大幅下降，从表 11.15 的 82.1%下降到表 11.18 的 60.1%，而特异度（正常亲属的真阴性率）有较大上升，从表 11.15 的 43.9%上升到表 11.18 的 64.4%。两种方法的结果有较大差别。本例的主要目的是发现糖尿病患者，因此选用第一种样本比例概率比较符合研究目的。读者在使用时要结合自身实际情况合理选用先验概率的类型。

表 11.16　先验概率报告表

Prior Probabilities for Groups

DIABETES	Prior	Cases Used in Analysis	
		Unweighted	Weighted
.00	.500	204	204.000
2.00	.500	291	291.000
Total	1.000	495	495.000

表 11.17　判别方程系数表

Classification Function Coefficients

	DIABETES	
	.00	2.00
腰围	.670	.755
BMI	.551	.434
(Constant)	−34.939	−39.545

Fisher's linear discriminant functions

表 11.18　判别函数判别验证结果表

Classification Results[a,b,c]

		DIABETES	Predicted Group Membership		Total
			.00	2.00	
Original	Count	.00	132	73	205
		2.00	116	175	291
		Ungrouped cases	35	42	77
	%	.00	64.4	35.6	100.0
		2.00	39.9	60.1	100.0
		Ungrouped cases	45.5	54.5	100.0
Cross-validated	Count	.00	132	73	205
		2.00	116	175	291
	%	.00	64.4	35.6	100.0
		2.00	39.9	60.1	100.0

a. Cross validation is done only for those cases in the analysis. In cross validation, each case is classified by the functions derived from all cases other than that case.

b. 61.9% of original grouped cases correctly classified.

c. 61.9% of cross-validated grouped cases correctly classified.